国家级民族药学实验教学示范中心资助
中南民族大学大学生创新创业训练项目资助

武汉南湖药用植物图鉴

杨新洲　杨光忠　主编
杨　倩　王佳琳　副主编

化学工业出版社
·北京·

《武汉南湖药用植物图鉴》针对武汉南湖之滨的药用植物进行普查，编写成册。全书分为两部分。第一部分简要介绍药用植物野外实习的目的、意义和要求；实习的前期准备；植物标本的采集与制作方法；植物种类识别与鉴定技巧以及野外实习中需采取的安全措施及保障。第二部分收载武汉南湖周边高等植物284种，简明介绍植物的名称（包括中文名、拉丁名）、隶属的科属、形态与分布、药用价值（个别植物未列出），并附有彩色图片。本书中所包含的284种高等植物，隶属于224属，95科；优势科为菊科（23属26种）、蔷薇科（14属23种）、豆科（13属17种）、百合科（9属9种）、木犀科（5属8种）等。

《武汉南湖药用植物图鉴》可作为植物知识及其药用价值的科普书籍，也可供普通高等院校药学院、生命科学学院和资源与环境学院的学生用书。此外，本书可为华中地区有意进行植物普查的单位提供参考。

图书在版编目（CIP）数据

武汉南湖药用植物图鉴 / 杨新洲，杨光忠主编.
—北京：化学工业出版社，2017.11
ISBN 978-7-122-30712-5

Ⅰ.①武… Ⅱ.①杨… ②杨… Ⅲ.①药用植物-武汉-图集 Ⅳ.①Q949.95-64

中国版本图书馆CIP数据核字（2017）第243684号

责任编辑：褚红喜　宋林青　　装帧设计：关　飞
责任校对：王　静

出版发行：化学工业出版社（北京市东城区青年湖南街13号　邮政编码100011）
印　　装：北京东方宝隆印刷有限公司
710mm×1000mm　1/16　印张19¾　字数413千字　2018年1月北京第1版第1次印刷

购书咨询：010-64518888（传真：010-64519686）　售后服务：010-64518899
网　　址：http://www.cip.com.cn
凡购买本书，如有缺损质量问题，本社销售中心负责调换。

定　　价：98.00元

《武汉南湖药用植物图鉴》编写组

主　编：杨新洲　杨光忠

副主编：杨　倩　王佳琳

编　者（按姓氏笔画排序）：

王佳琳　许士成　杨光忠　杨　倩

杨新洲　张佳昕　龚雨若

序

中药和民族药是中华民族伟大的文化瑰宝，从中草药中提取的天然活性成分具有独特生物学功能和活性，其中许多有效成分是人类防治疾病、强身健体的物质基础，也是药物的重要来源之一。而认识中草药是进一步了解天然药物的基础。《武汉南湖药用植物图鉴》为中南民族大学学生及对植物感兴趣的人们提供了认识周边植物的平台，并为深入了解药用植物的特征及其资源状况、中药资源的合理保护与利用奠定基础。

本书共收载284种高等植物，仅少量没有药用价值，而所有植物标本采集和照片拍摄均来源于南湖地区，尤以中南民族大学校园植被为甚。该书图文并茂，内容丰富，实用性强，真实反映了南湖地区植物的生长状况和形态特征。深信，该书的出版不仅能激发老师和学生对药用植物的兴趣，更利于学生了解植物学相关理论知识。此外，本书所收载的常见药用植物有利于学生在学习中将理论和实践相结合，提高学习植物学和分类鉴定学的效率。

希望编者们继续努力，在药用植物科学研究中稳步前进。

谨此为序，祝其有成。

李金林

中南民族大学　校长

前 言

武汉南湖地处我国华中地区，位于武昌西南部，是武汉市仅次于东湖的第二大湖，北临东湖、沙湖，南临汤逊湖、黄家湖，水域面积763.96公顷。南湖之滨植物种类丰富，且周边有中南民族大学、华中农业大学、湖北工业大学、武汉理工大学、中南财经政法大学5所大学，形成了丰富多彩的植物人文景观。

中南民族大学等多个学校均已开设多个植物学相关专业，有着掌握植物学知识的强烈需求。长期以来，学校通常采用课堂教学和野外实习相结合的方法教授《药用植物学》等课程。限于药用植物野外实习地点、时间、环境及人身安全的要求，南湖之滨植物的认知探索与室外实训，既满足相关学科对学生专业知识的学习要求，又能激发学生对身边植物的认知欲，提高学习兴趣，使其可以利用课余时间辨认身边常见植物，掌握鉴定植物的基本方法，这将为相关学院的学生假期野外实习奠定基础，使假期的野外实习发挥更大的效用。

本书的特点归纳如下。

（1）本书针对南湖之滨的药用植物进行普查，编写成册，更具针对性地满足药学院、生命科学学院和资源与环境学院的同学们对周围植物的认识需求，理论与实际相结合，从而提高《药用植物学》等课程的教学效果。

（2）本书分为两部分。第一部分教学简要介绍药用植物野外实习的目的、意义和要求；实习的前期准备；植物标本的采集与制作方法；植物种类识别与鉴定技巧以及野外实习中需采取的安全措施及保障。第二部分收载南湖周边高等植物284种，简明介绍植物的名称（包括中文名、拉丁名）、隶属的科属、形态与分布、药用价值（个别植物未列出），并附有彩色图片。

（3）本书所包含的高等植物共284种，隶属于224属，95科；优势科为菊科（23属26种）、蔷薇科（14属23种）、豆科（13属17种）、百合科（9属9种）、木犀科（5属8种）等。

（4）目录编排中植物顺序按照其所属科属的拼音首字母次序排列；植物分类参照恩格勒系统。

（5）书中对每个物种的形态与分布、药用价值的描述，以《中国植物志》为主，以《中国植物图像库》为辅。

（6）所有图片均为编者在武汉南湖周边拍摄，且根据植物在各个生长季节外形差异捕捉其形态特征。

本书同时用最简洁的语言给非专业人士科普了植物知识及其药用价值；为那些对植物感兴趣的同学提供了简单、直接获取信息的平台，方便其及时查找身边植物的相关信息，并掌握植物基本科属特征以进行简单的鉴定。此外，本书也可为华中地区有意进行植物普查的单位提供参考。

衷心感谢国家级民族药学实验教学示范中心和中南民族大学大学生创新创业训练项目“中南民大校园植物电子数据库的建立及代表性植物药的色谱鉴定”给予的经费支持，感谢万定荣老师对该项目的大力支持及所给予的专业指导，感谢中国科学院武汉植物园徐文斌老师对本书收录的所有植物进行审核与校对。同时，全体编写人员倾注极大的热情，以认真负责的态度投入工作，谨在此致以诚挚的谢意。

虽然我们在编写过程中力求全面、完整地展现南湖之滨植物的形貌及其特征，但由于水平、时间和精力有限，疏漏之处在所难免，殷切希望各位读者批评指正！

编者

2017年5月

目 录

第一部分 药用植物野外实习准备

第二部分 南湖之滨药用植物图鉴

双子叶植物

单子叶植物

第一部分

药用植物野外实习准备

第一节　野外实习的目的、意义和要求

一、野外实习的目的

（1）通过野外实习，使学生了解野外工作的基本步骤，初步掌握野外研究工作的方法，了解植物资源与人类生存和发展的关系。

（2）实习过程中，学生可以将课堂所学知识与实际相结合，牢固掌握植物采集与鉴定、标本制作与保存的方法，熟悉植物调查的一般程序与步骤。

（3）观察大量的野生植物，对其形态特征、分布特点、使用价值有比较全面的了解。

（4）培养学生热爱自然、热爱科学、热爱专业、吃苦耐劳和团队协作的精神，扩展学生视野，提高综合素质，加强学生的独立思考能力。

二、野外实习的意义

（1）复习与巩固所学知识，把理论和实际密切结合起来。在《药用植物学》的课程体系中，形态特征部分条理性、直观性强，容易掌握，而分类部分则较为庞杂，学习、理解和记忆有一定难度。而植物分类部分历来都是植物学的一个重点。分类是基础，更是手段，其重要性是不言而喻的，许多研究都需要分类学的知识。通过野外实习，可以巩固和深化课堂所学的理论知识，丰富学生的认知范围，培养学生的独立工作能力；并且通过广泛接触自然环境中的植物资源，认识植物与生活环境的关系；利用植物性状使课堂所学的分类特征具体化，提高对植物科、属、种的鉴别能力。

（2）学习和掌握植物采集与鉴定、标本压制的基本技能和方法。训练学生植物采集与鉴定的技能将有助于培养学生严格的工作态度和分析问题的能力。标本的压制可提高学生的动手能力，增强调查的真实性。

（3）激发学生的兴趣，培养学生的综合素质。学生不仅可把野外实习作为课堂讲授和实验课的必不可少的一种补充，而且充分利用野外实习的规模大、整体性强、时间集中等特点，通过周密的组织，强化学生的集体观念和自我管理能力，培养团队精神，发扬互助友爱、尊敬师长的精神，锻炼野外活动的生存技能，从而取得德、智、体三方面的综合教育效益。

三、野外实习的要求

在整个野外实习过程中，要注意仔细观察植物与其生存环境；积极思考，不懂的问题要向教师询问；积极动手，掌握植物的采集和标本压制等技能。

植物的生长与其生活环境密切相关，野外实习首先要认识各种生态环境，应该重点观察森林（包括原始森林、次森林、灌木林）、灌木丛、草甸、湿地等主要生态环境类型；对单株植物，要注重从植物的分类学特征上进行观察，观察植物的根、茎、叶、花、果实、种子等器官。植物种类纷繁复杂，在野外实习过程中注意对相近植物进行比较，可根据所采集的植物标本，仔细观察，理论与实践相结合，加深记忆。

实习过程中应把感性知识提高到分类理论上去认知，不懂之处要及时查阅相关工具书，以解决问题。遇到自己不能解决的问题要向老师请教。

扼要记录所观察植物的主要特征，必要时画下最突出的特征草图。认真练习采集、编号、观察、记录、标本压制、鉴定标本等方法。

野外实习中普遍存在的问题是容易遗忘，对不容易记和难记的植物要重点突击。同时，要掌握学习方法，学会查阅分类学工具书和使用检索表。

尊重当地群众的习惯，虚心向他们学习。除采集学习所用的标本外，不得随意砍、挖、摘其他树木和水果。要互相关心、互相爱护、互相帮助、团结友爱。要有集体观念，遵守组织纪律，注意安全，不能擅自离开队伍。严禁到水库、河流游泳。

第二节　实习器材、资料的准备

一、小组实习资料用具的准备

（1）参考书

实习常用参考书有《中国植物志》《中国高等植物图鉴》《湖北植物志》《大别山地区植物图鉴》等。

（2）采集用具

①采集箱　野外采集到的新鲜标本可装入箱内，以防干燥变形，便于带回住处压制或供鉴定用。也可以用塑料袋代替。

②枝剪　用来剪断木本植物枝条。有手枝剪和高枝剪两种。

③小锄头　用来挖具有深根、块根、根状茎、球茎、鳞茎或生于石缝中的草本或灌木。

④掘铲　用来挖小草本植物用。

⑤野外采集记录本　用于记录植物各部分的应记事项，事先印好，装订成册。

⑥标本号牌　用卡片纸制成，穿有挂线，挂在每份标本之上，号牌上应注明采集号、采集地、采集日期、采集人姓名。

⑦其他　照相机、手机等拍摄用具。

（3）压制用具

①标本夹　夹板用韧性强的杂木条制成，供以压制标本之用。将吸水纸和标本置

于其中压好，使植物标本逐渐干燥而不致萎缩变形。

②吸水纸　用以压制标本时吸收植物水分之用，一般纸张均可，但以吸水力强的麻皱纹纸等为佳，大小与标本夹相当。每隔2~8页纸放一份标本，然后用标本夹压之，吸取水分。

③大小纸袋　用以保存标本上脱落下来的花、果、叶、种子，或专供采集种子、花粉等。

④其他　镊子、手持放大镜等鉴定用具。

（4）制作用具

常用标本的制作用具有台纸，针线，白乳胶，镊子，放大镜，文具用品（铅笔、橡皮、黑色水笔）等。

二、个人生活用品及防护药品

必要的教科书、笔记本、文具等学习用品；适合于野外活动的服装、雨具、水壶、背包等生活必需品；防蚊虫叮咬及野外活动必备药品（清凉油、防蚊喷雾、碘酒、云南白药、创可贴、藿香正气水、感冒药等）；防晒霜、碗筷等生活用品。

第三节　植物标本的采集与制作

药用植物学野外实习的重要内容之一是学习采集和制作植物标本。标本是辨认植物种类的第一手材料，是永久性的植物档案和进行科学研究的重要依据，是研究药用植物的重要环节；通过采集制作植物标本，可以更好地辨认和鉴定物种，把握各分类群的特征。掌握植物标本的采集、制作和保存的一整套工作方法，对教师和学生来说，都是极为重要的。

正确认识植物标本的作用，在采集植物标本的过程中要注意纠正两个错误观念：一是认为这是古老的工作方式，没什么意思，不认真对待，加上采集标本很辛苦，就更不愿深入各种环境采集；二是认为采集标本很容易，随便拔起一棵草或摘段树枝压干就行，很多小组花了大量的人力物力，采回的标本往往是不合格的、无用的，这往往与采集者不具备采集植物标本的基本知识有关。

一、标本的采集方法

在采集植物标本时，首先要注意所采标本的完整性和典型性。选择能代表该种植物的全株或部分枝叶、花枝、果枝。种子植物一般根据花、果实、种子、叶、地下茎和根的形态特征进行鉴定，因此就要采集到含有上述器官的完整标本。药用植物标本的采集，还需要特别注意采集药用部位。

在采集植物标本时，应选择生长发育正常、无病虫害或机械损伤的植株，大小以能容纳于一张台纸为宜。枝条一般用枝剪剪断，不要随意折断，以保持标本的整洁。一般每种植物应采集同样的标本2~3份，以供鉴定、存放、交换等。不同植物标本应选用不同的采集方法。

①木本植物　应采集典型、有代表性特征、带花或果的枝条。

②草本及矮小灌木　要采取地下部分如根茎、匍匐枝、块茎、块根或根系等，以及开花或结果的全株。

③藤本植物　剪取中间一段，在剪取时应注意表示它的藤本性状。

④寄生植物　须连同寄主一起采压。寄主的种类、形态、同被采的寄生植物的关系等均要记录在采集记录上。

⑤水生植物　采集这类植物时，最好整株捞取，用塑料袋包好，放在采集箱里，带回室内立即将其放在水盆中，等到植物的枝叶恢复原来形态时，用旧报纸一张，放在浮水的标本下轻轻将标本提出水面后，立即放在干燥的草纸里好好压制。

⑥蕨类植物　采生有孢子囊群的植株，需连同根状茎一起采集。

不同地区或同一地区的不同环境（如山上、山下、阳坡、阴坡、林内、林缘、沟边、水边等）生长的同一种植物，往往产生不同的生态型。采集时要在不同的环境中仔细观察，若有差异，应采集后再鉴定。

植物的生长与演变是与环境密切相关的，各种植物对外界环境条件如阳光、空气、水分、土壤等的需求也各不相同，所以形成各种不同的植物群落。由于各种植物有它一定的生长地区，所以能显示出这一地区环境的性质。我们在采集植物标本时，除了采集外，对各种植物群落及生长环境都应在可能的范围内做初步的了解和记载。

采集的标本应注意以下两点：

①采集标本的完整性　被子植物大多通过根、茎、叶、花、果实和种子等形态特征来鉴别的。因此采集的标本应注意这些器官的完整性，否则在鉴定上易出现困难，甚至无法鉴别。

②采集标本的大小　标本的大小一般以台纸为准。植物体高度不到40厘米的小草本应连根拔取整个植株；较高的草本需把茎做适当的折叠，使之呈“V”或“N”、“W”字型，不要直折，应略扭转后折而不致使茎折断；对大型木本植物只需采集具有花、果，且姿态较好的枝条。如遇有一张台纸容纳不下的巨大叶片的植物，可将一片叶子分为2~3段，分别压制，用时系上号牌并注明。

二、标本的采集记录

植物标本采集记录如图1-1所示。

在野外采集标本时，要及时、认真地进行野外记录和编号。标本在压制过程中，无论是多么

中南民族大学药学院

年　月　日　　采集人及号数

产地 ……………………………………

环境 ………………　分布 ………………

海拔 ………………　性状 ………………

根 ………………　体高 ………………

茎 ……………………………………

叶 ……………………………………

花 ……………………………………

果实 ……………………………………

中名 ………………　科名 ………………

俗名 ……………………………………

附注 ……………………………………

……………………………………

……………………………………

……………………………………

图1-1　植物标本采集记录

精细，成品与它的生活状态总有区别。如高大植物的未采集部位，叶的正反两面是否具有白粉，花的颜色、香味，花瓣的形状，果实的形状、大小、颜色、气味等，在制成标本后都不易保存或无法看出原来的性状，故在野外采集时，要注意认真观察并记录。

在采集标本时，应按采集记录本所要求的项目详细填写野外采集记录。药用植物采集时，还应仔细调查并记录当地土名和用途，以便了解植物、利用植物。

进行野外记录时，同时同地采集的同种植物编为同一采集号，同种植物在不同地点、不同时间采集的，要另编采集号。雌雄异株的植物，应分别编号，并注明两者之间的关系。

每一种植物标本要有一个采集号及一页采集记录。采集号以人名和有效数字共同组成，每一采集号应是某个采集人的独立流水号，应从1开始连续采集。每份植物标本上都要有号牌，号牌上的采集号要与采集记录上的采集号一致。野外采集号数要前后连贯，不要重号、漏号，不能因地点、时间的改变而另起编号。每号标本的份数也应在采集记录上登记。号牌应用铅笔书写，紧系于标本的中间部位，以防脱落或损坏标本。对于那些已切开的植物，要用标签明确标明各部分的相互关系和顺序。原则上同一植株上的标本编同一号，当一份标本较大，分割成多段后，每段也要给予辅助编号，采用从基部向上部的次序编号。如100号标本被分为3段，编号分别是100a、100b、100c。

三、植物标本的制作

（1）整形

把在野外采集的标本，进行初步的分类和清理，清洗、擦除标本上的污泥，使植物体保持自然状态，减掉残枝和过密的枝叶，压在标本夹内，并保证同时含有正反两面的叶片。如果叶片太大不能在夹板上压制，可沿着中脉的一侧剪去全叶的百分之四十，保留叶尖；若是羽状复叶，可以将叶轴一侧的小叶剪短，保留小叶的基部以及小叶片的着生地位，保留羽状复叶的顶端小叶。对肉质植物如景天科、天南星科、仙人掌科等先用开水杀死；对球茎、块茎、鳞茎等除用开水杀死外，还要切除一半，再压制，以促使干燥。若存在天气炎热或时间过长，使采回的标本存在失水卷缩的情况，可用清水浸泡至叶片变软或恢复原样后，擦净表面水分再进行压制。整理时要使花、叶平展在吸水纸上，美观易压，特别注意叶片不要皱折，不使叶片发生重叠。为了便于以后的观察，每份标本的叶都要展示正面和反面（正面叶片多，反面叶片少），其他部分也尽量要有几个不同的观察面。

（2）压制

压制过程中，散落的花、果、叶可用纸袋装好，并注明该标本的采集号，与标本放在一起。大型的肉质果、肉质根、鳞茎、球茎等部位可切开压制，切时以不失原来形态为准；对少数多浆肥厚、不易干燥的植物，压制前可先用开水或8%甲醛将植物杀死后压制。整形、修饰过的标本及时挂上小标签，用有绳子的一块木夹板做底板，上置吸水草纸4~5张。然后将标本逐个与吸水纸相互间隔，平铺在平板上，铺时需将标本的首尾不时调换位置，在一张吸水纸上放一种或同一种植物；若枝叶拥挤、卷曲时要拉开伸展，叶要有正反面，过长的草本或藤本植物可做“N”、“V”、“W”形的弯折。最后将另一块木夹板盖上，用绳子缚紧。

（3）换纸干燥

标本和标本之间间隔数层吸水纸，标本整理好后用标本夹夹好，绑紧标本夹，放在通风处。标本压制头两天要勤换吸水草纸。每天早晚二次换出的湿纸应晒干或烘干，换纸是否勤和干燥，对压制标本的质量关系很大。要特别注意，如果两天内不换干纸，标本颜色转暗，花、果及叶脱落，甚至发霉腐烂。标本在第二、三次换纸时，对标本要注意整形，枝叶展开，不使折皱。易脱落的果实、种子和花，要用小纸袋装好，放在标本旁边，以免翻压时丢失。以后每日更换一次吸水纸，一周后频率可降至2~3天一次，直至标本干燥。更换期间随时可整理标本，如发现标本重叠或折叠时，用镊子细心地整理整形，使标本保持原有的自然状况。

为使标本尽快干燥，需要勤换吸水纸。更换下来的湿纸可放在太阳下晒干、烘箱中烘干或者通风处风干。经过几天换压大多数标本已干燥，已干的标本应及时选出来另压，未干标本继续换纸压干。

制作植物腊叶标本的干燥方法，除了最常用的压干法外，还有微波法、烘干法、沙干法、硅胶法等。

（4）装帧上台

标本干燥后，选择完整、美观的标本上台纸，以利于长期保存。

上台方法：准备好台纸置于平整桌面，将标本放在台纸合适的位置上，通常标本直放或斜放，注意把左上角和右下角位置留出来以便粘贴标签。用纸条或线将标本钉牢在台纸上，突出该植物的特征，并使标本在台纸的位置适宜、美观、整洁。也可用白乳胶将标本贴在台纸上再钉牢。将鉴定标签贴在右下角，野外采集记录签贴在左上角，这样就完成了一份完整的植物腊叶标本。

完成腊叶标本的上台后，通常应仔细进行植物的物种鉴定。通过观察标本的形态特征，特别是繁殖器官花、果实的特征，结合野外采集记录，查阅植物检索表，核实植物志等分类学专著以及植物图谱，对植物进行分类鉴定。若以上操作不能确定标本，可到标本馆进行标本的核对，或将标本、野外采集记录送到有关单位代为鉴定。

四、植物标本的保存

植物腊叶标本是收集植物和保存植物的良好方法。通常将已干燥、压平、装订在台纸上，并附有采集记录、鉴定标签的腊叶标本，按分类系统顺序贮存在标本室的标本柜内。分类系统根据不同的需要选择，我国一般按照恩格勒系统或哈钦松系统排列。每一个科里的属和种则按拉丁学名的首字母顺序排列。为减少标本的磨损，入柜的标本还要用牛皮制作的封套把标本按属分别套上，在封套的右下角写上属名，便于查阅标本。

五、注意事项

（1）压制标本难以固定植物的姿态时，用吸水纸边压边固定。

（2）用线钉牢标本时，注意背后的线头保持在1~2厘米的长度，以免线头过长，叠放时影响下面的标本。

第四节　植物种类识别与鉴定的技巧

在野外实习中，指导教师边走边教，一个上午可以讲解50~70种植物。学生接触的植物多且杂乱，那么，如何才能让学生尽快记住这些植物呢？以下是一些有用的教学方法和实习经验。

一、充分发挥各种感官的作用——摸、闻、尝、看

野外实习时，在短短的时间内学生会接触到大量的植物种类。要想认识它们，就应该充分发挥各种感官的作用，比如伸手去摸一摸，体会一下叶片的薄厚、叶面粗糙光滑状况、刺的硬度和牢度；用鼻子去闻一闻它是香的、臭的还是有其他异味的；用嘴稍稍咀嚼，尝一尝它的味道；再仔细观察它与类似的植物有什么不同。通过这些感官的感觉活动，即使当时叫不出这种植物的名称，实际上已经了解、认识它了，以后只要配上名称就可以了。来自山区的同学认识植物的能力通常较强，这是因为他们从小对植物就有摸、闻、尝、看的经历，具有比较丰富的感性认识的缘故。

野外实习时，认识植物最不好的方法是课堂搬家式的记笔记，即老师讲一点，自己就忙着在笔记上记一点，只用眼睛远远地瞄一下。对要认识的植物，不做仔细的观察，也不动手采集，放弃了摸、闻、尝、看等感官实践机会。回到住地后，虽然笔记是整齐的，但头脑里一团乱草碎叶。事实上，记下的笔记只有与实践一一对应的贮存在脑中，才是有价值的。所以识别植物一定要充分发挥各种感觉器官的作用。

二、恰当的组织与分工

学生要以小组为单位进行活动。每个成员都要用心听讲，仔细观察，并在此基础上做适当分工：有的着重于记，有的着重于采，有的负责挂牌。回到住地后，以小组为单位交流个人的收获，取长补短，以期获求得全面的知识，第二天小组成员互换分工。这样做，能使每个学生都得到全面的锻炼。学生对教师讲解过的植物，要随手采一枝握在手中（或放在塑料袋中），利用实习中片刻的空隙（如休息时或行进途中）迫使自己反复认识、记忆，并随时把已确认的植物丢掉，保留尚不熟悉的植物，同时再采集教师讲解的新的植物枝条。这样就会很快丢掉自己认识的植物，留下较难认记的植物。越难认的植物在手中保留时间越长，刺激自己感官的次数越多，

半天之中对难认识的植物等于反复认了好几遍，肯定比回去后打开一大包标本再从头认起效果好。用笔在叶片上记名称与编号，便于认识和记忆，且避免了张冠李戴，这个方法也是可取的。

三、植物的观察

植物的分类及鉴定是以形态特征为主要依据的。因而，必须对每种植物加以认真的观察，然后运用已学过的形态术语加以描述。植物的观察，应当按照习性、根、茎、叶、花、果实、种子的程序进行。先用眼睛观察，然后再用放大镜观察。从花柄、花萼、花瓣和雄蕊，直到柱头的顶部，一步一步地完成。在花没有被切开以前，应当尽可能详细记录不用放大镜就能看到的特征。进一步观察花药的开裂、卷叠和胎座等特征，则必须借助放大镜进行。接着，至少应切开两朵花，一朵横切，另一朵纵切，前者用来观察胎座和画花图示，后者用于观察子房是上位还是下位。必要时绘制花的纵剖图，图的各部分都应当标以名称。

在植物演化过程中，花的某些部分有简化的趋势，并不服从于花基数，如十字花科的雄蕊理论上有两轮，共八枚，但实际只有六枚(四强雄蕊)，雌蕊的心皮数目简化更甚。

现将判断一朵花雌蕊心皮数目的简单方法归纳如下。

①检查花柱　花柱的数目通常与心皮的数目一致。仅有一个花柱时，该雌蕊可能是由一个心皮或一个以上心皮组成，需要进一步检查柱头。

②检查柱头　柱头的数目通常与心皮的数目一致。如果只有一个柱头，该雌蕊可能由一个或更多心皮所组成；如果柱头不对称，该雌蕊可能由两个以上心皮所组成；如果柱头单一(完全没有裂缝)，那就应当横剖子房来判断。

③检查子房　子房室的数目通常与心皮的数目一致。但侧膜胎座的子房等例外(一个子房，三个胎座，实际是三个心皮)。果实开裂的数目通常就是心皮的数目，如蓖麻的花柱是三条，而柱头又各自两裂，也就是有六个柱头，而子房却裂成三个瓣，故它仍是由三个心皮组成的。

四、植物的描述

描述植物的具体方法是：运用科学的形态术语，按根、茎、叶、花序、花的结构、果实、种子、花果期、产地、生境、分布、用途等顺序进行具体的文字描述。在描述的过程中要注意标点符号的应用，通常以“，”“；”“、”“。”将描述植物的各部分内容分开，以表示前后的关系。

现以蒲公英（*Taraxacum mongolicum* Hand.-Mazz.)的形态描述［《中国植物志》第80（2）卷］部分为例，说明描述的顺序和方法：

多年生草本。根圆柱状，黑褐色，粗壮。叶倒卵状披针形、倒披针形或长圆状披针形，长4~20厘米，宽1~5厘米，先端钝或急尖，边缘有时具波状齿或羽状深裂，有时倒向羽状深裂或大头羽状深裂，顶端裂片较大，三角形或三角状戟形，全缘或具齿，每侧裂片3~5片，裂片三角形或三角状披针形，通常具齿，平展或倒向，裂片间常夹生小齿，基部渐狭成叶柄，叶柄及主脉常带红紫色，疏被蛛丝状白色柔毛或几无毛。花葶1至数个，与叶等长或稍长，高10~25厘米，上部紫红色，密被蛛丝状白色长柔毛；头状花序直径约30~40毫米；总苞钟状，长12~14毫米，淡绿色；总苞片2~3层，外层总苞片卵状披针形或披针形，长8~10毫米，宽1~2毫米，边缘宽膜质，基部淡绿色，上部紫红色，先端增厚或具小到中等的角状突起；内层总苞片线状披针形，长10~16毫米，宽2~3毫米，先端紫红色，具小角状突起；舌状花黄色，舌片长约8毫米，宽约1.5毫米，边缘花舌片背面具紫红色条纹，花药和柱头暗绿色。瘦果倒卵状披针形，暗褐色，长约4~5毫米，宽约1~1.5毫米，上部具小刺，下部具成行排列的小瘤，顶端逐渐收缩为长约1毫米的圆锥至圆柱形喙基，喙长6~10毫米，纤细；冠毛白色，长约6毫米。花期4~9月，果期5~10月。

第五节　野外实习中的安全措施

野外植物标本采集是植物学实践教学的重要内容。野外采集工作的环境条件多种多样，且情况复杂，因此，在采集过程中，应注意防止意外事故发生，保证采集人员的安全十分重要。以下是进行植物学野外采集工作的注意事项及安全措施。

一、预防野生动物的伤害

（1）预防毒蛇咬伤

植物生长茂盛的丛林可能有蛇分布，所以在进行植物标本采集时，要提高警惕。同时我们要了解防治毒蛇咬伤的知识，做好外出采集的防护工作，如穿高帮鞋、随身带上蛇药、棍子等。当进入深山、草丛、沟谷和溪边等毒蛇栖息较多的地方时，要先察看有没有毒蛇踪迹。蛇喜欢生活在溪边岩石处，且具有保护色，其体表的颜色与环境相似，伏在地上不动，难以发现，应特别注意。采用打草惊蛇的办法把它赶跑，是最佳措施。万一被其咬伤，要沉着冷静，立即采取急救措施，如用清水冲洗伤口，挤压伤口排毒，服用蛇药（或用蛇药擦洗伤口），结扎伤口上部等，并尽快到附近的医疗单位治疗。

（2）防蚊、蜂、山蚂蟥的叮咬

在炎热、潮湿的林中进行野外实习工作时，经常可以看到蚊子、蜜蜂、山蚂蟥等。它们除叮咬、蜇伤、吸血影响工作外，还能传播多种疾病，必须加强防护。最常见的毒蜂是黄蜂和竹蜂，它们的巢常建在灌木丛和荒草中，因此，在采集某些药物，如金樱子、山栀子、金银花时要加强注意。此外，还应注意防止山蚂蟥从树上掉下来落入衣领中。最佳防护措施是穿长袖衣、裤，带帽子，并携带相应防治药物，如风油精、驱蚊喷雾等。被蜜蜂叮伤后，用肥皂水清洗，可起到缓解效果；山蚂蟥叮咬后，不要硬将山蚂蟥拔掉，可在山蚂蟥叮咬部位的周围轻轻拍打或用清凉油、食盐等滴撒在虫体上使其放松吸盘而自行脱落。山蚂蟥掉落后若伤口流血不止可用干净手指或纱布按压伤口1~2分钟，止血后在出血点处涂抹紫药水或碘酒；若伤口未流血可用力将伤口内的污血挤出，用清水冲洗干净，再涂以碘酒或酒精消毒。

二、预防植物的毒害

某些植物（如漆树科的植物）本身含有毒素，接触后会引起过敏反应。过敏体质的人接触或者靠近它就会引起过敏性皮肤红肿、痒痛。例如，野漆树、木蜡树和毛漆树藤等，部分人接触后会产生过敏反应，皮肤会出现红肿，奇痒，若抓破则容易造成溃烂。荨麻科的有些植物如浙江蝎子草、艾麻、珠芽、宽叶荨麻，其叶片和茎上均有螫毛，含有蚁酸、醋酸、络酸、含氮的酸性物质和特殊的酶等。在采集标本或经过这些植物时如果不小心碰到这些螫毛，就会引起皮肤如火烧般的疼痛，并发生红肿，若抓破则容易溃烂和感染。因此，实习过程中要注意避免接触这些植物。如果发生过敏，可用碳酸氢钠(小苏打)的溶液或肥皂水冲洗；也可用景天三七等植物捣汁涂抹或煎水洗患处，能起到止痒效果。如果过敏反应严重的，应及时到医疗单位治疗。

三、防止食物中毒

（1）防饮用生水、冷水

出门采集前要喝足水，外出时带上水壶，不要喝生水，尤其不能喝不清洁的河水、田沟水，以防传染病和寄生虫病的侵入。在炎热的夏天，刚进入山区林中即饮用山泉冷水，也容易引起肠、胃炎等疾病。

（2）防误食有毒植物

为了鉴别植物，有时需要用嘴尝试。一般来说，微量而又不吞咽，是不容易引起中毒的，但某些我们不认识的植物可能毒性较大，需要特别注意。切忌带着好奇心，什么花、果都摘来尝尝；野生真菌(蘑菇等)也不能随便采食，因为其中有一些菌类含有剧毒。天南星科、毛茛科、大戟科、石蒜科植物需特别注意!

四、注意灾害性天气

炎热的夏天要预防中暑，烈日下要戴帽子，多喝盐开水，并随身携带防暑药，如清凉油、藿香正气水等；雨季上山采集要带雨具，如遇暴雨，不能在低洼处或桥下及有危险的悬崖下躲避，要注意发生山洪或塌方；山洪来时不要急于过河或穿过山谷；如遇到雷电、大风时，不要在高处或孤立的树下躲避，以防雷击；如突发火灾应立即告诉周围群众并直接拨打119火灾电话，请求地方支援，同时应当使用沾湿的毛巾遮住口鼻，附近有水的话最好把身上的衣服浸湿，要判明火势大小，火苗燃烧方向，逆风逃生，切勿顺风逃生；进入不熟悉的森林中要随时辨别方向，以防迷路；人多上山，在爬坡或攀登悬崖时，前后人员不能靠得太近，要间隔一定距离或排列成水平线上山，特别是碎石较多的地方，要预防滚下石头碰压后面的人员。

五、野外注意出行安全

实习过程中不要拥挤嬉闹，山中多雨潮湿，有些石头上生长青苔，不小心容易滑倒或跌倒；下山时，不要跑着下台阶，容易造成扭伤或摔倒；此外，裸露的身体组织如手容易被割伤，如五节芒的叶片、竹桩，还有就是尖锐的石头；采集蔷薇科的某些属植物时，如蔷薇属(如金樱子、硕苞蔷薇)和悬钩子属（如高粱泡、茅毒、红腺悬钩子）等，容易被其皮刺扎伤。

野外植物标本采集的安全要求很多，以上所提仅是几个较常见的方面。植物野外实习是一个系统的工程，但安全永远要排在第一位。而安全也是一个全面性的工作，不仅要从野外实践中着手，更重要的是要做在前头，尽可能想到各种安全隐患，并根据每年出现的经验教训进行总结和完善。实际采集过程中还应保持高度的安全意识，虚心听取带队教师的指导，多加注意，确保安全。

第二部分

南湖之滨 药用植物图鉴

木 耳

木耳科 木耳属 *Auricularia auricular* (L.) Underw

【形态与分布】形状如耳朵，系寄生于枯木上的一种菌类，富含铁、钙、磷和维生素B_1等。新鲜的木耳呈胶质片状，半透明，侧生在树木上，耳片直径5~10厘米，有弹性，腹面平滑下凹，边缘略上卷，背面凸起，并有极细的绒毛，呈黑褐色或茶褐色。干燥后收缩为角质状，硬而脆性，背面暗灰色或灰白色；入水后膨胀，可恢复原状，柔软而半透明，表面附有滑润的黏液。

产于全国各地。

【药用价值】全株：益气强身、活血、防治缺铁性贫血、养血驻颜、疏通肠胃、润滑肠道。

井栏边草 凤尾蕨科 凤尾蕨属 *Pteris multifida* Poir.

【形态与分布】植株高30~45厘米。根状茎短而直立，先端被黑褐色鳞片。叶多数，密而簇生，明显二型；不育叶柄，禾秆色或暗褐色而有禾秆色的边，稍有光泽，光滑；叶片卵状长圆形，一回羽状，羽片通常3对，对生，斜向上，无柄，线状披针形，先端渐尖，叶缘有不整齐的尖锯齿并有软骨质的边，下部1~2对通常分叉，有时近羽状，顶生三叉羽片及上部羽片的基部显著下延，在叶轴两侧形成宽3~5毫米的狭翅（翅的下部渐狭）；能育叶有较长的柄，羽片4~6对，狭线形，仅不育部分具锯齿，余均全缘，基部一对有时近羽状，有长约1厘米的柄，余均无柄，下部2~3对通常2~3叉，上部几对的基部长下延，在叶轴两侧形成宽3~4毫米的翅。主脉两面均隆起，禾秆色，侧脉明显，稀疏，单一或分叉，有时在侧脉间具有或多或少的与侧脉平行的细条纹（脉状异形细胞）。叶干后草质，暗绿色，遍体无毛；叶轴禾秆色，稍有光泽。

产于河北、山东、河南、陕西、四川、贵州、广西、广东、福建、台湾、浙江、江苏、安徽、江西、湖南、湖北等地。

【药用价值】全草：清热利湿、解毒、凉血、收敛、止血、止痢。

海金沙

海金沙科 海金沙属 *Lygodium japonicum* (Thunb.) Sw.

【形态与分布】植株高攀达1~4米。叶轴上面有两条狭边，羽片多数，相距约9~11厘米，对生于叶轴上的短距两侧，平展。距长达3毫米。端有一丛黄色柔毛覆盖腋芽。不育羽片尖三角形，长宽几相等，较狭，柄同羽轴一样多少被短灰毛，两侧并有狭边，二回羽状；一回羽片2~4对，互生，柄长4~8毫米，和小羽轴都有狭翅及短毛，基部一对卵圆形，一回羽状；二回小羽片2~3对，卵状三角形，具短柄或无柄，互生，掌状三裂；末回裂片短阔，基部楔形或心脏形，先端钝，顶端的二回羽片波状浅裂；向上的一回小羽片近掌状分裂或不分裂，较短，叶缘有不规则的浅圆锯齿。主脉明显，侧脉纤细，从主脉斜上，一至二回二叉分歧，直达锯齿。叶纸质，干后禄褐色。两面沿中肋及脉上略有短毛。能育羽片卵状三角形，长宽几相等，或长稍过于宽，二回羽状；一回小羽片4~5对，互生，长圆披针形，一回羽状，二回小羽片3~4对。卵状三角形，羽状深裂。孢子囊穗长2~4毫米，往往长远超过小羽片的中央不育部分，排列稀疏，暗褐色，无毛。

产于江苏、浙江、安徽南部、福建、台湾、广东、香港、广西、湖南、贵州、四川、云南、陕西南部。

【药用价值】通利小肠、疗伤寒热狂，用于湿热肿毒、小便热淋、膏淋、血淋、石淋、经痛。

渐尖毛蕨

金星蕨科 毛蕨属 *Cyclosorus acuminatus* (Houtt.) Nakai

【形态与分布】根状茎长而横走，深棕色，老则变褐棕色，先端密被棕色披针形鳞片。叶二列远生，褐色，无鳞片，向上渐变为深禾秆色，略有一二柔毛；叶片长圆状披针形，先端尾状渐尖并羽裂，基部不变狭，二回羽裂；羽片13~18对，有极短柄，斜展或斜上，有等宽的间隔分开，互生，或基部的对生，中部以下的羽片基部较宽，披针形，渐尖头，基部不等，上侧凸出，平截，下侧圆楔形或近圆形，羽裂达1/2~2/3；裂片18~24对，斜上，略弯弓，彼此密接，基部上侧一片最长，披针形，近镰状披针形，尖头或骤尖头，全缘。叶脉下面隆起，清晰，侧脉斜上，每裂片7~9对，单一，基部一对出自主脉基部，其先端交接成钝三角形网眼，并自交接点向缺刻下的透明膜质连线伸出一条短的外行小脉，第二对和第三对的上侧一脉伸达透明膜质连线。叶坚纸质，干后灰绿色，除羽轴下面疏被针状毛外，羽片上面被极短的糙毛。孢子囊群圆形，生于侧脉中部以上，每裂片5~8对；囊群盖大，深棕色或棕色，密生短柔毛，宿存。

产于陕西、甘肃、河南、山东、安徽、江苏、浙江、江西、湖北、湖南、福建、台湾、广东、广西、贵州、四川等地。

【药用价值】清热解毒、祛风除湿、健脾。

贯 众 鳞毛蕨科 贯众属 *Cyrtomium fortunei* J. Sm.

【形态与分布】植株高25~50厘米。根茎直立，密被棕色鳞片。叶簇生，叶柄长12~26厘米，基部直径2~3毫米，禾秆色，腹面有浅纵沟，密生卵形及披针形棕色有时中间为深棕色鳞片，鳞片边缘有齿，有时向上部秃净；叶片矩圆披针形，长20~42厘米，宽8~14厘米，先端钝，基部不变狭或略变狭，奇数一回羽状；侧生羽片7~16对，互生，近平伸，柄极短，披针形，多少上弯成镰状，中部的长5~8厘米，宽1.2~2厘米，先端渐尖少数成尾状，基部偏斜、上侧近截形有时略有钝的耳状凸、下侧楔形，边缘全缘有时有前倾的小齿；具羽状脉，小脉联结成2~3行网眼，腹面不明显，背面微凸起；顶生羽片狭卵形，下部有时有1个或2个浅裂片，长3~6厘米，宽1.5~3厘米。叶为纸质，两面光滑；叶轴腹面有浅纵沟，疏生披针形及线形棕色鳞片。孢子囊群遍布羽片背面；囊群盖圆形，盾状，全缘。

产于河北、山西南部、陕西、甘肃南部、山东、江苏、安徽、浙江、江西、福建、台湾、河南、湖北、湖南、广东、广西、四川、贵州、云南。

【药用价值】用于头痛、咽红、咽肿、口干而渴、舌质红、苔薄白。

瓶尔小草 瓶尔小草科 瓶尔小草属 *Ophioglossum vulgatum* L.

【形态与分布】根状茎短而直立，具一簇肉质粗根，如匍匐茎一样向四面横走，生出新植物。叶通常单生，总叶柄长6~9厘米，深埋土中，下半部为灰白色，较粗大。营养叶为卵状长圆形或狭卵形，长4~6厘米，宽1.5~2.4厘米，先端钝圆或急尖，基部急剧变狭并稍下延，无柄，微肉质到草质，全缘，网状脉明显。孢子叶长9~18厘米或更长，较粗健，自营养叶基部生出，孢子穗长2.5~3.5毫米，宽约2毫米，先端尖，远超出于营养叶之上。

产于湖北、四川、陕西南部、贵州、云南、台湾及西藏等地。

【药用价值】用于喉痛、喉痹、白喉、口腔疾患、小儿肺炎、脘腹胀痛、毒蛇咬伤、疔疮肿毒。

侧 柏

柏科 侧柏属 *Platycladus orientalis* (L.) Franco

【形态与分布】侧柏是乔木，高达20余米，胸径1米；树皮薄，浅灰褐色，纵裂成条片；枝条向上伸展或斜展，幼树树冠卵状尖塔形，老树树冠则为广圆形；生鳞叶的小枝细，向上直展或斜展，扁平，排成一平面。叶鳞形，长1~3毫米，先端微钝，小枝中央的叶的露出部分呈倒卵状菱形或斜方形，背面中间有条状腺槽，两侧的叶船形，先端微内曲，背部有钝脊，尖头的下方有腺点。雄球花黄色，卵圆形，雌球花近球形，蓝绿色，被白粉。球果近卵圆形，成熟前近肉质，蓝绿色，被白粉，成熟后木质，开裂，红褐色；中间两对种鳞倒卵形或椭圆形，鳞背顶端的下方有一向外弯曲的尖头，上部1对种鳞窄长，近柱状，顶端有向上的尖头，下部1对种鳞极小，稀退化而不显著。种子卵圆形或近椭圆形，顶端微尖，灰褐色或紫褐色，稍有棱脊，无翅或有极窄之翅。花期3~4月，球果10月成熟。

产于中国内蒙古南部、吉林、辽宁、河北、山西、山东、江苏、浙江、福建、安徽、江西、河南、陕西、甘肃、四川、云南、贵州、湖北、湖南、广东北部及广西北部等地。

【药用价值】枝叶：用于肾热病、炭疽病、体虚、疮疖疔痈。球果：用于肝病、脾病、骨蒸、淋病、热毒。鳞叶：用于吐血、衄血、尿血、便血、暴崩下血、血热脱发、须发早白。种子：用于惊悸、失眠、遗精、盗汗、便秘。

刺 柏 柏科 刺柏属 *Juniperus formosana* Hayata

【形态与分布】乔木，高达12米；树皮褐色，纵裂成长条薄片脱落；枝条斜展或直展，树冠塔形或圆柱形；小枝下垂，三棱形。叶三叶轮生，条状披针形或条状刺形，长1.2~2厘米，很少长达3.2厘米，宽1.2~2毫米，先端渐尖具锐尖头，上面稍凹，中脉微隆起，绿色，两侧各有1条白色、很少紫色或淡绿色的气孔带，气孔带较绿色边带稍宽，在叶的先端汇合为1条，下面绿色，有光泽，具纵钝脊，横切面新月形。雄球花圆球形或椭圆形，长4~6毫米，药隔先端渐尖，背有纵脊。球果近球形或宽卵圆形，长6~10毫米，径6~9毫米，熟时淡红褐色，被白粉或白粉脱落，间或顶部微张开；种子半月圆形，具3~4棱脊，顶端尖，近基部有3~4个树脂槽。

产于台湾中央山脉、江苏南部、安徽南部、浙江、福建西部、江西、湖北西部、湖南南部、陕西南部、甘肃东部、青海东北部、西藏南部、四川、贵州、云南中部、北部及西北部。

【药用价值】清热解毒、燥湿止痒，用于麻疹高热、湿疹、癣疮。

龙柏 柏科 圆柏属 *Sabina chinensis* (L.) Ant. 'Kaizuca'

【形态与分布】乔木，高达20米，胸径达3.5米；树皮深灰色，纵裂，成条片开裂；幼树枝条通常斜上伸展，形成尖塔形树冠，老则下部大枝平展，形成广圆形的树冠；树皮灰褐色，纵裂，裂成不规则的薄片脱落；小枝通常直或稍成弧状弯曲，生鳞叶的小枝近圆柱形或近四棱形，径1~1.2毫米。叶二型，即刺叶及鳞叶；刺叶生于幼树之上，老龄树则全为鳞叶，壮龄树兼有刺叶与鳞叶；生于一年生小枝的一回分枝的鳞叶三叶轮生，直伸而紧密，近披针形，先端微渐尖，长2.5~5毫米，背面近中部有椭圆形微凹的腺体；刺叶三叶交互轮生，斜展，疏松，披针形，先端渐尖，长6~12毫米，上面微凹，有两条白粉带。雌雄异株，稀同株，雄球花黄色，椭圆形，长2.5~3.5毫米，雄蕊5~7对，常有3~4花药。球果近圆球形，径6~8毫米，两年成熟，熟时暗褐色，被白粉或白粉脱落，有1~4粒种子；种子卵圆形，扁，顶端钝，有棱脊及少数树脂槽；子叶2枚，出土，条形，长1.3~1.5厘米，宽约1毫米，先端锐尖，下面有两条白色气孔带，上面则不明显。

产于内蒙古乌拉山、河北、山西、山东、江苏、浙江、福建、安徽、江西、河南、陕西南部、甘肃南部、四川、湖北西部、湖南、贵州、广东、广西北部及云南等地。

【药用价值】枝叶：祛风散寒，活血消肿、利尿。

罗汉松　罗汉松科 罗汉松属 *Podocarpus macrophyllus* (Thunb.) D. Don

【形态与分布】乔木，高达20米，胸径达60厘米；树皮灰色或灰褐色，浅纵裂，成薄片状脱落；枝开展或斜展，较密。叶螺旋状着生，条状披针形，微弯，长7~12厘米，宽7~10毫米，先端尖，基部楔形，上面深绿色，有光泽，中脉显著隆起，下面带白色、灰绿色或淡绿色，中脉微隆起。雄球花穗状、腋生，常3~5个簇生于极短的总梗上，长3~5厘米，基部有数枚三角状苞片；雌球花单生叶腋，有梗，基部有少数苞片。种子卵圆形，径约1厘米，先端圆，熟时肉质假种皮紫黑色，有白粉，种托肉质圆柱形，红色或紫红色，柄长1~1.5厘米。花期4~5月，种子8~9月成熟。

产于江苏、浙江、福建、安徽、江西、湖南、四川、云南、贵州、广西、广东等省区。

【药用价值】根皮：活血止痛、杀虫。

节节草 木贼科 木贼属 *Equisetum ramosissimum* Desf.

【形态与分布】中小型植物。根茎直立，横走或斜升，黑棕色，节和根疏生黄棕色长毛或光滑无毛。地上枝多年生。枝一型，高20~60厘米，中部直径1~3毫米，节间长2~6厘米，绿色，主枝多在下部分枝，常形成簇生状；幼枝的轮生分枝明显或不明显；灰白色，黑棕色或淡棕色，边缘（有时上部）为膜质，基部扁平或弧形，早落或宿存，齿上气孔带明显或不明显。侧枝较硬，圆柱状，孢子囊穗短棒状或椭圆形，长0.5~2.5厘米，中部直径0.4~0.7厘米，顶端有小尖突，无柄。

产于黑龙江、吉林、辽宁、内蒙古、北京、天津、河北、山西、陕西、宁夏、甘肃、青海、新疆、山东、江苏、上海、安徽、浙江、江西、福建、台湾、河南、湖北、湖南、广东、广西、海南、四川、重庆、贵州、云南、西藏等地。

【药用价值】疏风散热、解肌退热，用于尖锐湿疣、牛皮癣疾病。

池 杉 杉科 落羽杉属 *Taxodium ascendens* Brongn.

【形态与分布】落叶乔木。树干基部膨大，通常有曲膝状的呼吸根。树皮粗厚，褐色，有沟，长条片状剥落。大枝斜上伸展，小枝直立，红褐色。叶为钻形，稍向内弯曲，长0.5~1.0厘米，前伸，紧贴小枝，在小枝上螺旋状排列，有的幼枝或萌芽枝上的叶为线形。雄球花排列成圆锥状花序，雌球花单生于新枝顶部。球果椭圆状，淡褐色，径1.8~3厘米。种鳞盾形，木质，种子红褐色，三棱形，棱脊上厚翅。花期4月。球果10月成熟。

产于杭州、武汉、庐山、广州等地。

落羽杉　杉科　落羽杉属　*Taxodium distichum* (L.) Rich.

【形态与分布】落叶乔木，在原产地高达50米，胸径可达2米；树干尖削度大，干基通常膨大，常有屈膝状的呼吸根；树皮棕色，裂成长条片脱落；枝条水平开展，幼树树冠圆锥形，老则呈宽圆锥状；新生幼枝绿色，到冬季则变为棕色；生叶的侧生小枝排成二列。叶条形，扁平，基部扭转在小枝上列成二列，羽状，长1~1.5厘米，宽约1毫米，先端尖，上面中脉凹下，淡绿色，下面黄绿色或灰绿色，中脉隆起，每边有4~8条气孔线，凋落前变成暗红褐色。雄球花卵圆形，有短梗，在小枝顶端排列成总状花序状或圆锥花序状。球果球形或卵圆形，有短梗，向下斜垂，熟时淡褐黄色，有白粉，径约2.5厘米；种鳞木质，盾形，顶部有明显或微明显的纵槽；种子不规则三角形，有锐棱，长1.2~1.8厘米，褐色。球果10月成熟。

产于广州、杭州、上海、南京、武汉、福建等地。

杉木　杉科 杉木属　*Cunninghamia lanceolata* (Lamb.) Hook.

【形态与分布】乔木，高达30米；幼树树冠尖塔形，大树树冠圆锥形，树皮灰褐色，裂成长条片脱落，内皮淡红色；大枝半展，小枝近对生或轮生，常成二列状，幼枝绿色，光滑无毛；冬芽近圆形，有小型叶状的芽鳞，花芽圆球形、较大。叶在主枝上辐射伸展，侧枝之叶基部扭转成二列状，披针形或条状披针形，通常微弯、呈镰状，革质、竖硬，长2~6厘米，宽3~5毫米，边缘有细缺齿，先端渐尖，稀微钝，上面深绿色，有光泽，除先端及基部外两侧有窄气孔带，微具白粉或白粉不明显，下面淡绿色，沿中脉两侧各有1条白粉气孔带；老树之叶通常较窄短、较厚，上面无气孔线。雄球花圆锥状，长0.5~1.5厘米，有短梗，通常40余个簇生枝顶；雌球花单生或2~4个集生，绿色，苞鳞横椭圆形，先端急尖，上部边缘膜质，有不规则的细齿，长宽几相等，约3.5~4毫米。球果卵圆形，熟时苞鳞革质，棕黄色，三角状卵形，长约1.7厘米，宽1.5厘米，先端有坚硬的刺状尖头，边缘有不规则的锯齿，向外反卷或不反卷，背面的中肋两侧有2条稀疏气孔带；种鳞很小，先端三裂，侧裂较大，裂片分离，先端有不规则细锯齿，腹面着生3粒种子；种子扁平，遮盖着种鳞，长卵形或矩圆形，暗褐色，有光泽，两侧边缘有窄翅，子叶2枚，发芽时出土。花期4月，球果10月下旬成熟。

为我国长江流域、秦岭以南地区栽培最广、生长快、经济价值高的用材树种。

【药用价值】清热解毒、利尿、通乳、止血、杀虫。

水 杉

杉科 水杉属 *Metasequoia glyptostroboides* Hu et Cheng

【形态与分布】乔木，高达35米，胸径达2.5米；树干基部常膨大；树皮灰色、灰褐色或暗灰色，幼树裂成薄片脱落，大树裂成长条状脱落，内皮淡紫褐色；枝斜展，小枝下垂，幼树树冠尖塔形，老树树冠广圆形，枝叶稀疏；一年生枝光滑无毛，幼时绿色，后渐变成淡褐色，二、三年生枝淡褐灰色或褐灰色；侧生小枝排成羽状，长4~15厘米，冬季凋落；主枝上的冬芽卵圆形或椭圆形，顶端钝，长约4毫米，径3毫米，芽鳞宽卵形，先端圆或钝，长宽几相等，边缘薄而色浅，背面有纵脊。叶条形，长0.8~3.5 厘米，宽1~2.5毫米，上面淡绿色，下面色较淡，沿中脉有两条较边带稍宽的淡黄色气孔带，每带有4~8条气孔线，叶在侧生小枝上列成二列，羽状，冬季与枝一同脱落。球果下垂，近四棱状球形或矩圆状球形，成熟前绿色，熟时深褐色，长1.8~2.5厘米，径1.6~2.5厘米，梗长2~4厘米，其上有交对生的条形叶；种鳞木质，盾形，通常11~12对，交叉对生，鳞顶扁菱形，中央有一条横槽，基部楔形，高7~9毫米，能育种鳞有5~9粒种子；种子扁平，倒卵形，间或圆形或矩圆形，周围有翅，先端有凹缺，长约5毫米，径4毫米；子叶2枚，条形，长1.1~1.3厘米，宽1.5~2毫米，两面中脉微隆起，上面有气孔线，下面无气孔线；初生叶条形，交叉对生，长1~1.8厘米，下面有气孔线。花期2月下旬，球果11月成熟。

产于四川、湖北、湖南西北部。

雪 松 松科 雪松属 *Cedrus deodara* (Roxb.) G. Don

【形态与分布】乔木，高达30米左右，胸径可达3米；树皮深灰色，裂成不规则的鳞状片；枝平展、微斜展或微下垂，基部宿存芽鳞向外反曲，小枝常下垂，一年生长枝淡灰黄色，密生短绒毛，微有白粉，二、三年生枝呈灰色、淡褐灰色或深灰色。叶在长枝上辐射伸展，短枝之叶成簇生状（每年生出新叶约15~20枚），叶针形，坚硬，淡绿色或深绿色，长2.5~5厘米，宽1~1.5毫米，上部较宽，先端锐尖，下部渐窄，常呈三棱形，稀背脊明显，叶之腹面两侧各有2~3条气孔线，背面4~6条，幼时气孔线有白粉。雄球花长卵圆形或椭圆状卵圆形，长2~3厘米，径约1厘米；雌球花卵圆形，长约8毫米，径约5毫米。球果成熟前淡绿色，微有白粉，熟时红褐色，卵圆形或宽椭圆形，长7~12厘米，径5~9厘米，顶端圆钝，有短梗；中部种鳞扇状倒三角形，长2.5~4厘米，宽4~6厘米，上部宽圆，边缘内曲，中部楔状，下部耳形，基部爪状，鳞背密生短绒毛；苞鳞短小；种子近三角状，种翅宽大，较种子为长，连同种子长2.2~3.7厘米。

产于北京、旅顺、大连、青岛、徐州、上海、南京、杭州、南平、庐山、武汉、长沙、昆明等地。

【药用价值】用于头皮屑、皮疹。

苏 铁

苏铁科 苏铁属 *Cycas revoluta* Thunb.

【形态与分布】羽状叶从茎的顶部生出，下层的向下弯，上层的斜上伸展，整个羽状叶的轮廓呈倒卵状狭披针形，长75~200厘米，叶轴横切面四方状圆形，柄略成四角形，两侧有齿状刺，水平或略斜上伸展，刺长2~3毫米；羽状裂片达100对以上，条形，厚革质，坚硬，长9~18厘米，宽4~6毫米，向上斜展微成“V”字形，边缘显著地向下反卷，上部微渐窄，先端有刺状尖头，基部窄，两侧不对称，下侧下延生长，上面深绿色有光泽，中央微凹，凹槽内有稍隆起的中脉，下面浅绿色，中脉显著隆起，两侧有疏柔毛或无毛. 雄球花圆柱形，长30~70厘米，径8~15厘米，有短梗，小孢子飞叶窄楔形，长3.5~6厘米，顶端宽平，其两角近圆形，宽1.7~2.5厘米，有急尖头，尖头长约5毫米，直立，下部渐窄，上面近于龙骨状，下面中肋及顶端密生黄褐色或灰黄色长绒毛，花药通常 3个聚生；大孢子叶长14~22厘米，密生淡黄色或淡灰黄色绒毛，上部的顶片卵形至长卵形，边缘羽状分裂，裂片12~18对，条状钻形，长2.5~6厘米，先端有刺状尖头，胚珠2~6枚，生于大孢子叶柄的两侧，有绒毛。种子红褐色或橘红色，倒卵圆形或卵圆形，稍扁，长2~4厘米，径1.5~3厘米，密生灰黄色短绒毛，后渐脱落，中种皮木质，两侧有两条棱脊，上端无棱脊或棱脊不显著，顶端有尖头。花期6~7月，种子10月成熟。

产于全国各地。

【药用价值】种子：用于痢疾、咳嗽、出血。

银 杏 银杏科 银杏属 *Ginkgo biloba* L.

【形态与分布】乔木，皮呈灰褐色，深纵裂，粗糙；树冠圆锥形或广卵形；枝近轮生，斜上伸展；有细纵裂纹；短枝密被叶痕，黑灰色，短枝上亦可长出长枝；冬芽黄褐色，常为卵圆形，先端钝尖。叶扇形，有长柄，淡绿色，无毛，有多数叉状并列细脉，在短枝上常具波状缺刻，基部宽楔形，秋季落叶前变为黄色。球花雌雄异株，单性，生于短枝顶端的鳞片状叶的腋内，呈簇生状；雄球花葇荑花序状，下垂，雄蕊排列疏松，具短梗，花药常2个，长椭圆形，药室纵裂，种子具长梗，下垂，常为椭圆形、长倒卵形、卵圆形或近圆球形，外种皮肉质，熟时黄色或橙黄色，外被白粉，有臭叶；内种皮膜质，淡红褐色；胚乳肉质，味甘略苦；有主根。花期3~4月，种子9~10月成熟。

分布于全国。

【药用价值】果：抑菌杀菌、祛疾止咳、抗涝抑虫、止带、降低血清及胆固醇。叶：用于保护真皮层细胞，改善血液循环，防止细胞被氧化产生皱纹。

点地梅 报春花科 点地梅属 *Androsace umbellata* (Lour.) Merr.

【形态与分布】一年生或二年生草本。主根不明显，具多数须根。叶全部基生，叶片近圆形或卵圆形，直径5~20毫米，先端钝圆，基部浅心形至近圆形，边缘具三角状钝牙齿，两面均被贴伏的短柔毛；叶柄长1~4厘米，被开展的柔毛。花葶通常数枚自叶丛中抽出，高4~15厘米，被白色短柔毛。伞形花序4~15花；苞片卵形至披针形，长3.5~4毫米；花梗纤细，长1~3厘米，果时伸长可达6厘米，被柔毛并杂生短柄腺体；花萼杯状，长3~4毫米，密被短柔毛，分裂近达基部，裂片菱状卵圆形，具3~6纵脉，果期增大，呈星状展开；花冠白色，直径4~6毫米，筒部长约2毫米，短于花萼，喉部黄色，裂片倒卵状长圆形，长2.5~3毫米，宽1.5~2毫米。蒴果近球形，直径2.5~3毫米，果皮白色，近膜质。花期2~4月；果期5~6月。

产于东北、秦岭以南、华北等地。

【药用价值】用于扁桃腺炎、咽喉炎、口腔炎。

过路黄

报春花科 珍珠菜属 *Lysimachia christinae* Hance

【形态与分布】茎柔弱，平卧延伸，无毛、被疏毛以无密被铁锈色多细胞柔毛，幼嫩部分密被褐色无柄腺体，下部节间较短，常发出不定根，中部节间长1.5~5 (10) 厘米。叶对生，卵圆形、近圆形以至肾圆形，先端锐尖或圆钝以至圆形，基部截形至浅心形，鲜时稍厚，透光可见密布的透明腺条，干时腺条变黑色，两面无毛或密被糙伏毛；叶柄比叶片短或与之近等长，无毛以至密被毛。花单生叶腋；花梗通常不超过叶长，毛被如茎，多少具褐色无柄腺体；花萼分裂近达基部，裂片披针形、椭圆状披针形以至线形或上部稍扩大而近匙形，先端锐尖或稍钝，无毛、被柔毛或仅边缘具缘毛；花冠黄色，基部合生部分长2~4毫米，裂片狭卵形以至近披针形，先端锐尖或钝，质地稍厚，具黑色长腺条；花丝长6~8毫米，下半部合生成筒；花药卵圆形，花粉粒具3孔沟，近球形，表面具网状纹饰；子房卵珠形，花柱长6~8毫米。蒴果球形，直径4~5毫米，无毛，有稀疏黑色腺条。花期5~7月，果期7~10月。

产于云南、四川、贵州、陕西（南部）、河南、湖北、湖南、广西、广东、江西、安徽、江苏、浙江、福建等地。

【药用价值】清热解毒、利尿排石，用于胆囊炎、黄疸性肝炎、泌尿系统结石、肝、胆结石、跌打损伤、毒蛇咬伤、毒蕈及药物中毒、化脓性炎症、烧烫伤。

泽珍珠菜　报春花科 珍珠菜属　*Lysimachia candida* Lindl.

【形态与分布】一年生或二年生草本，全体无毛。茎单生或数条簇生，直立，单一或有分枝。基生叶匙形或倒披针形，具有狭翅的柄，开花时存在或早凋；茎叶互生，很少对生，叶片倒卵形、倒披针形或线形，先端渐尖或钝，基部渐狭，下延，边缘全缘或微皱呈波状，两面均有黑色或带红色的小腺点，无柄或近于无柄。总状花序顶生，初时因花密集而呈阔圆锥形，其后渐伸长，苞片线形，花梗长约为苞片的2倍，花萼分裂近达基部，裂片披针形，边缘膜质，背面沿中肋两侧有黑色短腺条；花冠白色，裂片长圆形或倒卵状长圆形，先端圆钝；雄蕊稍短于花冠，花丝贴生至花冠的中下部；花药近线形；花粉粒具3孔沟，长球形，表面具网状纹饰；子房无毛，蒴果球形。花期3~6月；果期4~7月。

产于陕西、河南、山东以及长江以南等地。

【药用价值】用于痈疮、肿毒。

北美车前　车前科 车前属 *Plantago virginica* L.

【形态与分布】一年生或二年生草本。直根纤细，有细侧根。叶基生呈莲座状，平卧至直立；叶片倒披针形至倒卵状披针形，先端急尖或近圆形，边缘波状、疏生牙齿或近全缘，基部狭楔形，下延至叶柄，两面及叶柄散生白色柔毛，脉（3~）5条，具翅或无翅，基部鞘状。花序1至多数；花序梗直立或弓曲上升，较纤细，有纵条纹，密被开展的白色柔毛，中空；穗状花序细圆柱状，下部常间断；苞片披针形或狭椭圆形，龙骨突宽厚，宽于侧片，背面及边缘有白色疏柔毛。花冠淡黄色，无毛；花两型，能育花的花冠裂片卵状披针形，雄蕊着生于冠筒内面顶端，被直立的花冠裂片所覆盖，花药狭卵形，淡黄色，具狭三角形小尖头，以闭花受粉为主；风媒花通常不育，花冠裂片与能育花同形，但开展并于花后反折，雄蕊与花柱明显外伸，花药宽椭圆形，淡黄色，具三角形小尖头。胚珠2。蒴果卵球形，于基部上方周裂。种子2，卵形或长卵形，腹面凹陷呈船形，黄褐色至红褐色，有光泽；子叶背腹向排列。花期4~5月，果期5~6月。

产于江苏、安徽、浙江、江西、福建、台湾、四川等地。

【药用价值】利尿、清热、明目、祛痰，用于小便不通、淋浊、带下、尿血、黄疸、水肿、热痢、泄泻、鼻衄、目赤肿痛、喉痹、咳嗽、皮肤溃疡等。

车　前　车前科 车前属　*Plantago asiatica* L.

【形态与分布】二年生或多年生草本。须根多数。根茎短，稍粗。叶基生呈莲座状，平卧、斜展或直立；叶片薄纸质或纸质，宽卵形至宽椭圆形，长4~12厘米，宽2.5~6.5厘米，先端钝圆至急尖，边缘波状、全缘或中部以下有锯齿、牙齿或裂齿，基部宽楔形或近圆形，多少下延，两面疏生短柔毛；脉5~7条；叶柄长2~15厘米，基部扩大成鞘，疏生短柔毛。花序3~10个，直立或弓曲上升；花序梗长5~30厘米，有纵条纹，疏生白色短柔毛；穗状花序细圆柱状，长3~40厘米，紧密或稀疏，下部常间断；苞片狭卵状三角形或三角状披针形，长2~3毫米，长过于宽，龙骨突宽厚，无毛或先端疏生短毛。花具短梗；花萼长2~3毫米，萼片先端钝圆或钝尖，龙骨突不延至顶端，前对萼片椭圆形，龙骨突较宽，两侧片稍不对称，后对萼片宽倒卵状椭圆形或宽倒卵形。花冠白色，无毛，冠筒与萼片约等长，裂片狭三角形，长约1.5毫米，先端渐尖或急尖，具明显的中脉，于花后反折。雄蕊着生于冠筒内面近基部，与花柱明显外伸，花药卵状椭圆形，长1~1.2毫米，顶端具宽三角形突起，白色，干后变淡褐色。胚珠7~15。蒴果纺锤状卵形、卵球形或圆锥状卵形，长3~4.5毫米，于基部上方周裂。种子5~6，卵状椭圆形或椭圆形，长1.5~2毫米，具角，黑褐色至黑色，背腹面微隆起；子叶背腹向排列。花期4~8月，果期6~9月。

产于全国各地，以北方居多。

【药用价值】清热利尿、凉血、解毒，用于热结膀胱、小便不利、淋浊带下、暑湿泻痢、衄血、尿血、肝热目赤、咽喉肿痛、痈肿疮毒。

薄　荷　唇形科 薄荷属　*Mentha haplocalyx* Briq.

【形态与分布】多年生草本。茎直立，下部数节具纤细的须根及水平匍匐根状茎，锐四棱形，具四槽，上部被倒向微柔毛，下部仅沿棱上被微柔毛，多分枝。叶片长圆状披针形，先端锐尖，基部楔形至近圆形，边缘在基部以上疏生粗大的牙齿状锯齿，侧脉约5~6对，与中肋在上面微凹陷下面显著，上面绿色；沿脉上密生余部疏生微柔毛，或除脉外余部近于无毛，上面淡绿色，通常沿脉上密生微柔毛；叶柄腹凹背凸，被微柔毛。轮伞花序腋生，轮廓球形，具梗或无梗，被微柔毛；花梗纤细，被微柔毛或近于无毛。花萼管状钟形，外被微柔毛及腺点，内面无毛。花冠淡紫，外面略被微柔毛，内面在喉部以下被微柔毛。花丝丝状，无毛，花药卵圆形，2室，室平行。花柱略超出雄蕊。花盘平顶。小坚果卵珠形，黄褐色，具小腺窝。

产于全国各地。

【药用价值】用于感冒发热、喉痛、头痛、肌肉疼痛、皮肤风疹瘙痒、麻疹不透、痈、疽、疥、癣、漆疮、杀菌、利尿、化痰、健胃和助消化。

细风轮菜 唇形科 风轮菜属 *Clinopodium gracile* (Benth.) Matsum.

【形态与分布】纤细草本。茎多数，自匍匐茎生出，柔弱，上升，不分枝或基部具分枝，四棱形，具槽，被倒向的短柔毛。最下部的叶圆卵形，细小，先端钝，基部圆形，边缘具疏圆齿，较下部或全部叶均为卵形，较大，先端钝，基部圆形或楔形，边缘具疏牙齿或圆齿状锯齿，薄纸质，上面榄绿色，近无毛，下面较淡，脉上被疏短硬毛，叶柄腹凹背凸，基部常染紫红色，密被短柔毛；上部叶及苞叶卵状披针形，先端锐尖，边缘具锯齿。轮伞花序分离，或密集于茎端成短总状花序，疏花；苞片针状，远较花梗为短；被微柔毛。花萼管状，基部圆形，果时下倾，基部一边膨胀，13脉，外面沿脉上被短硬毛，其余部分被微柔毛或几无毛，内面喉部被稀疏小疏柔毛，上唇3齿，短，三角形，果时外反，下唇2齿，略长，先端钻状，平伸，齿均被睫毛。花冠白至紫红色，外面被微柔毛。雄蕊4，花药2室，室略叉开。花柱先端略增粗，2浅裂，前裂片扁平，披针形，后裂片消失。花盘平顶。子房无毛。小坚果卵球形，褐色，光滑。花期6~8月，果期8~10月。

产于江苏、浙江、福建、台湾、安徽、江西、湖南、广东、广西、贵州、云南、四川、湖北、陕西等地。

【药用价值】用于感冒头痛、中暑腹痛、痢疾、乳腺炎、痈疽肿毒、荨麻疹、过敏性皮炎、跌打损伤等。

紫背金盘 唇形科 筋骨草属 *Ajuga nipponensis* Makino

【形态与分布】一年生或二年生草本。茎通常直立，柔软，稀平卧，通常从基部分枝，被长柔毛或疏柔毛，四棱形，基部常带紫色。基生叶无或少数；茎生叶均具柄，叶片纸质，阔椭圆形或卵状椭圆形，先端钝，基部楔形，下延，边缘具不整齐的波状圆齿，侧脉4~5对，与中脉在上面微隆起，下面突起。轮伞花序多花，生于茎中部以上，向上渐密集组成顶生穗状花序；苞叶下部者与茎叶同形，向上渐变小呈苞片状，卵形至阔披针形，绿色，有时呈紫绿色，全缘或具缺刻，具缘毛；花梗短或几无。花萼钟形，外面仅上部及齿缘被长柔毛，内面无毛，狭三角形或三角形，花冠淡蓝色或蓝紫色，稀为白色或白绿色，具深色条纹，筒状，基部略膨大，外面疏被短柔毛，内面无毛，近基部有毛环，侧裂片狭长圆形，中部略宽，先端急尖。雄蕊4，二强，伸出，花丝粗壮，直立或微弯，无毛。花柱细弱，超出雄蕊，先端2浅裂，裂片细尖。花盘环状，裂片不甚明显。子房无毛。小坚果卵状三棱形，背部具网状皱纹，腹面果脐达果轴3/5。花期在我国东部为4~6月，西南部为12月至翌年3月，果期前者为5~7月，后者为1~5月。

产于我国东部、南部及西南各地。

【药用价值】用于肺脓肿、肺炎、扁桃腺炎、咽喉炎、气管炎、腮腺炎、急性胆囊炎、肝炎、痔疮肿痛、鼻衄、牙痛、目赤肿痛、黄疸病、便血、白尿、血瘀肿痛、产后瘀血、妇女血气痛、镇痛散血、外伤出血、跌打扭伤、骨折、痈肿疮疖。

荔枝草　唇形科　鼠尾草属　*Salvia plebeia* R. Br.

【形态与分布】一年生或二年生草本；主根肥厚，向下直伸，有多数须根。茎直立，粗壮，多分枝，被向下的灰白色疏柔毛。叶椭圆状卵圆形或椭圆状披针形，先端钝或急尖，基部圆形或楔形，边缘具圆齿、牙齿或尖锯齿，草质，上面被稀疏的微硬毛，下面被短疏柔毛，余部散布黄褐色腺点；叶柄腹凹背凸，密被疏柔毛。轮伞花序6花，多数，在茎、枝顶端密集组成总状或总状圆锥花序，花序长10~25厘米，结果时延长；苞片披针形，长于或短于花萼；先端渐尖，基部渐狭，全缘，两面被疏柔毛，下面较密，边缘具缘毛；花梗长约1毫米，与花序轴密被疏柔毛。花萼钟形，外面被疏柔毛，散布黄褐色腺点，内面喉部有微柔毛，二唇形，唇裂约至花萼长1/3，上唇全缘，先端具3个小尖头，下唇深裂成2齿，齿三角形，锐尖。花冠淡红、淡紫、紫、蓝紫至蓝色，稀白色，长4.5毫米，冠筒外面无毛，内面中部有毛环，冠檐二唇形，上唇长圆形，先端微凹，外面密被微柔毛，两侧折合，外面被微柔毛，3裂，中裂片最大，阔倒心形，顶端微凹或呈浅波状，侧裂片近半圆形。能育雄蕊2，着生于下唇基部，略伸出花冠外，花丝长1.5毫米，药隔长约1.5毫米，弯成弧形，上臂和下臂等长，上臂具药室，二下臂不育，膨大，互相联合。花柱和花冠等长，先端不相等2裂，前裂片较长。花盘前方微隆起。小坚果倒卵圆形，直径0.4毫米。花期4~5月，果期6~7月。

产于除新疆、甘肃、青海、西藏以外的全国各地。

【药用价值】用于跌打损伤、无名肿毒、流感、咽喉肿痛、小儿惊风、吐血、乳痈、淋巴腺炎、哮喘、腹水肿胀、肾炎水肿、疔疮疖肿、痔疮肿痛、尿道炎、高血压。

一串红　唇形科　鼠尾草属　*Salvia splendens* Ker-Gawl.

【形态与分布】亚灌木状草本，茎钝四棱形，具浅槽，无毛。叶卵圆形或三角状卵圆形，先端渐尖，基部截形或圆形，边缘具锯齿，上面绿色，下面较淡，两面无毛，下面具腺点；茎生叶，无毛。轮伞花序2~6花，组成顶生总状花序；苞片卵圆形，红色，先端尾状渐尖；花梗密被染红的具腺柔毛，花序轴被微柔毛。花萼钟形，红色，外面沿脉上被染红的具腺柔毛，内面在上半部被微硬伏毛，二唇形，上唇三角状卵圆形，先端具小尖头，下唇比上唇略长，深2裂，裂片三角形，先端渐尖。花冠红色，外被微柔毛，内面无毛，冠筒筒状，直伸，在喉部略增大，冠檐二唇形，上唇直伸，略内弯，长圆形，先端微缺，下唇比上唇短，3裂，中裂片半圆形，侧裂片长卵圆形，比中裂片长。能育雄蕊2，近外伸。退化雄蕊短小。花柱与花冠近相等，先端不相等2裂，前裂片较长。花盘等大。小坚果椭圆形，暗褐色，顶端具不规则极少数的皱褶突起，边缘或棱具狭翅，光滑。花期3~10月。

产于全国各地。

【药用价值】清热、凉血、消肿，用于疔疮初起。

宝盖草 唇形科 野芝麻属 *Lamium amplexicaule* L.

【形态与分布】基部多分枝，上升，四棱形，具浅槽，常为深蓝色，几无毛，中空。茎下部叶具长柄，柄与叶片等长或超过之，上部叶无柄，叶片均圆形或肾形，先端圆，基部截形或截状阔楔形，边缘具极深的圆齿，顶部的齿通常较其余的为大，上面暗橄榄绿色，下面稍淡，两面均疏生小糙伏毛。轮伞花序6~10花，其中常有闭花受精的花；苞片披针状钻形，具缘毛。花萼管状钟形，外面密被白色直伸的长柔毛，内面除萼上被白色直伸长柔毛外，余部无毛，萼齿5，披针状锥形，边缘具缘毛。花冠紫红或粉红色，外面除上唇被有较密带紫红色的短柔毛外，余部均被微柔毛，内面无毛环，冠筒细长，冠檐二唇形，上唇直伸，长圆形，先端微弯，下唇稍长，3裂，中裂片倒心形，先端深凹，基部收缩，侧裂片浅圆裂片状。雄蕊花丝无毛，花药被长硬毛。花柱丝状，先端不相等2浅裂。花盘杯状，具圆齿。子房无毛。小坚果倒卵圆形，具三棱，先端近截状，基部收缩，淡灰黄色，表面有白色大疣状突起。花期3~5月，果期7~8月。

产于江苏、安徽、浙江、湖南、湖北、河南、陕西、甘肃、青海、四川、西藏等地。

【药用价值】用于外伤骨折、跌打损伤、红肿、毒疮、瘫痪、半身不遂、高血压。

紫 苏 唇形科 紫苏属 *Perilla frutescens* (L.) Britt.

【形态与分布】一年生、直立草本，绿色或紫色，钝四棱形，具四槽，密被长柔毛。叶阔卵形或圆形，先端短尖或突尖，基部圆形或阔楔形，边缘在基部以上有粗锯齿，膜质或草质，两面绿色或紫色，或仅下面紫色，上面被疏柔毛，下面被贴生柔毛，侧脉7~8对，位于下部者稍靠近，斜上升，与中脉在上面微突起下面明显突起，色稍淡；背腹扁平，密被长柔毛。轮伞花序2花，组成密被长柔毛、偏向一侧的顶生及腋生总状花序；苞片宽卵圆形或近圆形，先端具短尖，外被红褐色腺点，无毛，边缘膜质；花梗长1.5毫米，密被柔毛。花萼钟形，10脉，直伸，下部被长柔毛，夹有黄色腺点，内面喉部有疏柔毛环，花冠白色至紫红色，外面略被微柔毛，内面在下唇片基部略被微柔毛，冠筒短，冠檐近二唇形，上唇微缺，下唇3裂。雄蕊4，花丝扁平，花药2室，室平行，其后略叉开或极叉开。花柱先端相等2浅裂。花盘前方呈指状膨大。小坚果近球形，灰褐色，直径约1.5毫米，具网纹。花期8~11月，果期8~12月。

产于全国各地。

【药用价值】叶：发汗、镇咳。梗：平气安胎。子：镇咳、祛痰、平喘，用于镇痛、解毒、感冒。

酢浆草 酢浆草科 酢浆草属 *Oxalis corniculata* L.

【形态与分布】多年生草本。根茎匍匐，具块茎，地上茎短缩不明显或无地上茎，基部具褐色膜质鳞片。叶多数，基生；无托叶；叶柄基部具关节；小叶3，倒心形，先端深凹陷，基部楔形，两面被柔毛，具紫斑。伞形花序基生，明显长于叶，总花梗被柔毛；苞片狭披针形，先端急尖；花梗与苞片近等长或稍长，被柔毛，下垂；萼片披针形，先端急尖，边缘白色膜质，具缘毛；花瓣黄色，宽倒卵形，长为萼片的4~5倍，先端圆形、微凹，基部具爪；雄蕊10，2轮，内轮长为外轮的2倍，花丝基部合生；子房被柔毛。蒴果圆柱形，被柔毛。种子卵形。

产于北京、陕西、新疆等地。

【药用价值】清热利湿，凉血散瘀，解毒消肿。

红花酢浆草　酢浆草科　酢浆草属　*Oxalis corymbosa* DC.

【形态与分布】直立草本。无地上茎，地下部分有球状鳞茎，外层鳞片膜质，褐色，背具3条肋状纵脉，被长缘毛，内层鳞片呈三角形，无毛。叶基生；叶柄被毛；小叶3，扁圆状倒心形，顶端凹入，两侧角圆形，基部宽楔形，表面绿色，被毛或近无毛；背面浅绿色，通常两面或有时仅边缘有干后呈棕黑色的小腺体，背面尤甚并被疏毛；托叶长圆形，顶部狭尖，与叶柄基部合生。总花梗基生，二歧聚伞花序，通常排列成伞形花序式，总花梗被毛；花梗、苞片、萼片均被毛；每花梗有披针形干膜质苞片2枚；萼片5，披针形，长约4~7毫米，先端有暗红色长圆形的小腺体2枚，顶部腹面被疏柔毛；花瓣5，倒心形，长1.5~2厘米，为萼长的2~4倍，淡紫色至紫红色，基部颜色较深；雄蕊10枚，长的5枚超出花柱，另5枚长至子房中部，花丝被长柔毛；子房5室，花柱5，被锈色长柔毛，柱头浅2裂。花、果期3~12月。

产于河北、陕西、华东、华中、华南、四川和云南等地。

【药用价值】止血，用于跌打损伤、赤白痢。

斑地锦 大戟科 大戟属 *Euphorbia maculate* L.

【形态与分布】一年生匍匐小草本。茎柔细，弯曲，匍匐地上，高10~30厘米，含白色乳汁，根纤细；分枝较密，枝柔细，带淡紫色，有白色细柔毛。叶小，对生，成2列，长椭圆形，长5~8毫米，宽2~3毫米，先端具短尖头，基部偏斜，边缘中部以上疏生细齿，上面暗绿色，中央具暗紫色斑纹，下面被白色短柔毛；叶柄长仅1毫米或几无柄；托叶线形，通常3深裂，杯状聚伞花序，单生于枝腋和叶腋，呈暗红色；总苞钟状，4裂；具腺体4枚，腺体横椭圆形，并有花瓣状附属物；总苞中包含由1枚雄蕊所成的雄花数朵，中间有雌花1朵，具小苞片，花柱3，子房有柄，悬垂于总苞外。蒴果三棱状卵球形，径约2毫米，表面被白色短柔毛，顶端残存花柱。种子卵形，具角棱，光滑。花期5~6月。果期8~9月。

产于江苏、江西、浙江、湖北、河南、河北等地。

【药用价值】止血、清湿热、通乳，用于黄疸、泄泻、疳积、血痢、尿血、血崩、外伤出血、乳汁不多、痈肿疮毒。

地 锦 大戟科 大戟属 *Euphorbia humifusa* Willd. ex Schlecht.

【形态与分布】一年生草本。根纤细，长10~18厘米，直径2~3毫米，常不分枝。茎匍匐，自基部以上多分枝，偶而先端斜向上伸展，基部常红色或淡红色，长达20（30）厘米，直径1~3毫米，被柔毛或疏柔毛。叶对生，矩圆形或椭圆形，长5~10毫米，宽3~6毫米，先端钝圆，基部偏斜，略渐狭，边缘常于中部以上具细锯齿；叶面绿色，叶背淡绿色，有时淡红色，两面被疏柔毛；叶柄极短，长1~2毫米。花序单生于叶腋，基部具1~3毫米的短柄；总苞陀螺状，高与直径各约1毫米，边缘4裂，裂片三角形；腺体4，矩圆形，边缘具白色或淡红色附属物。雄花数枚，近与总苞边缘等长；雌花1枚，子房柄伸出至总苞边缘；子房三棱状卵形，光滑无毛；花柱3，分离；柱头2裂。蒴果三棱状卵球形，长约2毫米，直径约2.2毫米，成熟时分裂为3个分果爿，花柱宿存。种子三棱状卵球形，长约1.3毫米，直径约0.9毫米，灰色，每个棱面无横沟，无种阜。花果期5~10月。

产于全国各地。

【药用价值】用于清热解毒、利尿、通乳、止血、杀虫。

铁海棠 大戟科 大戟属 *Euphorbia milii* Ch. des Moulins

【形态与分布】蔓生灌木。茎多分枝，具纵棱，密生硬而尖的锥状刺，常呈3~5列排列于棱脊上，呈旋转。叶互生，通常集中于嫩枝上，倒卵形或长圆状匙形，先端圆，具小尖头，基部渐狭，全缘；无柄或近无柄；托叶钻形，极细，早落。花序2、4或8个组成二歧状复花序，生于枝上部叶腋；复序具柄；每个花序基部具柄，柄基部具1枚膜质苞片，长1~3毫米，宽1~2毫米，上部近平截，边缘具微小的红色尖头；苞叶2枚，肾圆形，先端圆且具小尖头，其部渐狭，无柄，上面鲜红色，下面淡红色，紧贴花序；总苞钟状，边缘5裂，裂片琴形，上部具流苏状长毛，且内弯；腺体5枚，肾圆形，长约1毫米，宽约2毫米，黄红色。雄花数枚；苞片丝状，先端具柔毛；雌花1枚，常不伸出总苞外；子房光滑无毛，常包于总苞内；花柱3，中部以下合生；柱头2裂。蒴果三棱状卵形，平滑无毛，成熟时分裂为3个分果爿。种子卵柱状，灰褐色，具微小的疣点；无种阜。花果期全年。

产于全国各地。

【药用价值】用于瘀痛、骨折、恶疮。

泽漆 大戟科 大戟属 *Euphorbia helioscopia* L.

【形态与分布】一年生草本。根纤细，下部分枝。茎直立，光滑无毛。叶互生，倒卵形或匙形，先端具牙齿，中部以下渐狭或呈楔形；总苞叶5枚，倒卵状长圆形，先端具牙齿，无柄；总伞幅5枚，苞叶2枚，卵圆形，先端具牙齿，基部呈圆形。花序单生；总苞钟状，高约2.5毫米，光滑无毛，边缘5裂，裂片半圆形，边缘和内侧具柔毛；腺体4，盘状，中部内凹，基部具短柄，淡褐色。雄花数枚，明显伸出总苞外；雌花1枚，子房柄略伸出总苞边缘。蒴果三棱状阔圆形，光滑，无毛；具明显的三纵沟，成熟时分裂为3个分果爿。种子卵状，暗褐色，具明显的脊网；种阜扁平状，无柄。花果期4~10月。

除黑龙江、吉林、内蒙古、广东、海南、新疆、西藏以外，全国均有分布。

【药用价值】全草：清热、祛痰、利尿消肿、杀虫。

铁苋菜 大戟科 铁苋菜属 *Acalypha australis* L.

【形态与分布】一年生草本，小枝细长，被贴毛柔毛，毛逐渐稀疏。叶膜质，长卵形、近菱状卵形或阔披针形，顶端短渐尖，基部楔形，稀圆钝，边缘具圆锯，上面无毛，下面沿中脉具柔毛；基出脉3条，侧脉3对；叶柄长2~6厘米，具短柔毛；托叶披针形，长1.5~2毫米，具短柔毛。雌雄花同序，花序腋生，稀顶生，长1.5~5厘米，花序梗长0.5~3厘米，花序轴具短毛，雌花苞片1~2（4）枚，卵状心形，花后增大，长1.4~2.5厘米，宽1~2厘米，边缘具三角形齿，外面沿掌状脉具疏柔毛，苞腋具雌花1~3朵；花梗无；雄花生于花序上部，排列呈穗状或头状，雄花苞片卵形，长约0.5毫米，苞腋具雄花5~7朵，簇生；花梗长0.5毫米；雄花：花蕾时近球形，无毛，花萼裂片4枚，卵形，长约0.5毫米；雄蕊7~8枚；雌花：萼片3枚，长卵形，长0.5~1毫米，具疏毛；子房具疏毛，花柱3枚，长约2毫米，撕裂5~7条。蒴果直径4毫米，具3个分果爿，果皮具疏生毛和毛基变厚的小瘤体；种子近卵状，长1.5~2毫米，种皮平滑。花果期4~12月。

产于除西部高原或干燥地区以外等地。

【药用价值】清热解毒、利湿、收敛止血，用于肠炎、痢疾、吐血、衄血、便血、尿血，崩漏、痈疖疮疡、皮炎湿疹。

乌 桕 大戟科 乌桕属 *Sapium sebiferum* (L.) Roxb.

【形态与分布】乔木，各部均无毛而具乳状汁液；树皮暗灰色，有纵裂纹；枝广展，具皮孔。叶互生，纸质，叶片菱形、菱状卵形或稀有菱状倒卵形，长3~8厘米，宽3~9厘米，顶端骤然紧缩具长短不等的尖头，基部阔楔形或钝，全缘；中脉两面微凸起，侧脉6~10对，纤细，斜上升，离缘2~5毫米弯拱网结，网状脉明显；叶柄纤细，长2.5~6厘米，顶端具2腺体；托叶顶端钝，长约1毫米。花单性，雌雄同株，聚集成顶生、长6~12厘米的总状花序，雌花通常生于花序轴最下部或罕有在雌花下部亦有少数雄花着生，雄花生于花序轴上部或有时整个花序全为雄花。雄花：花梗纤细，长1~3毫米，向上渐粗；苞片阔卵形，长和宽近相等约2毫米，顶端略尖，基部两侧各具一近肾形的腺体，每一苞片内具10~15朵花；小苞片3，不等大，边缘撕裂状；花萼杯状，3浅裂，裂片钝，具不规则的细齿；雄蕊2枚，罕有3枚，伸出于花萼之外，花丝分离，与球状花药近等长。雌花：花梗粗壮；苞片深3裂，裂片渐尖，基部两侧的腺体与雄花的相同，每一苞片内仅1朵雌花，间有1雌花和数雄花同聚生于苞腋内；花萼3深裂，裂片卵形至卵头披针形，顶端短尖至渐尖；子房卵球形，平滑，3室，花柱3，基部合生，柱头外卷。蒴果梨状球形，成熟时黑色，具3种子，分果爿脱落后而中轴宿存；种子扁球形，黑色，外被白色、蜡质的假种皮。花期4~8月。

产于黄河以南、陕西、甘肃等地。

【药用价值】根皮：用于毒蛇咬伤。

蜜甘草 大戟科 叶下珠属 *Phyllanthus ussuriensis* Rupr. et Maxim.

【形态与分布】一年生草本，高达60厘米；全株无毛。叶纸质，椭圆形，长0.5~1.5厘米，基部近圆，下面白绿色，侧脉5~6对；叶柄极短或几无柄，托叶卵状披针形。花雌雄同株，单生或数朵簇生叶腋。花梗长约2毫米，丝状，基部有数枚苞片；雄花萼片4，宽卵形；花盘腺体4，分离；雄蕊2，花丝分离。雌花萼片6，长椭圆形，果时反折；花盘腺体6，长圆形。蒴果扁球状，径约2.5毫米，平滑；果柄短。花期4~7月，果期7~10月。

产于黑龙江、吉林、辽宁、山东、江苏、安徽、浙江、江西、福建、台湾、湖北、湖南、广东、广西等地。

【药用价值】全草：清热利湿、清肝明目，用于黄疸、痢疾、泄泻、水肿、淋病、小儿疳积、目赤肿痛、痔疮、毒蛇咬伤。

叶下珠 大戟科 叶下珠属 *Phyllanthus urinaria* L.

【形态与分布】一年生草本，茎直立，基部多分枝；枝具翅状纵棱，上部被纵列疏短柔毛。叶片纸质，因叶柄扭转而呈羽状排列，长圆形或倒卵形，顶端圆、钝或急尖而有小尖头，下面灰绿色，近边缘或边缘有1~3列短粗毛；侧脉每边4~5条，明显；叶柄极短；托叶卵状披针形。花雌雄同株，直径约4毫米。雄花：2~4朵簇生于叶腋，通常仅上面1朵开花，下面的很小；花梗长约0.5毫米，基部有苞片1~2枚；萼片6，倒卵形，顶端钝；雄蕊3，花丝全部合生成柱状；花粉粒长球形，通常具5孔沟，少数3、4、6孔沟，内孔横长椭圆形；花盘腺体6，分离，与萼片互生。雌花：单生于小枝中下部的叶腋内；萼片6，近相等，卵状披针形，边缘膜质，黄白色；花盘圆盘状，边全缘；子房卵状，有鳞片状凸起，花柱分离，顶端2裂，裂片弯卷。蒴果圆球状，红色，表面具小凸刺，有宿存的花柱和萼片，开裂后轴柱宿存。花期4~6月，果期7~11月。

产于河北、山西、陕西、华东、华中、华南、西南等地。

【药用价值】解毒、消炎、清热止泻、利尿，用于赤目肿痛、肠炎腹泻、痢疾、肝炎、小儿疳积、肾炎水肿、尿路感染。

油　桐　大戟科　油桐属　*Vernicia fordii* (Hemsl.) Airy Shaw

【形态与分布】落叶乔木，树皮灰色，近光滑；枝条粗壮，无毛，具明显皮孔。叶卵圆形，顶端短尖，基部截平至浅心形，全缘，稀1~3浅裂，嫩叶上面被很快脱落微柔毛，下面被渐脱落棕褐色微柔毛，成长叶上面深绿色，无毛，下面灰绿色，被贴伏微柔毛；掌状脉5(~7)条；叶柄与叶片近等长，几无毛，顶端有2枚扁平、无柄腺体。花雌雄同株，先叶或与叶同时开放；花萼长约1厘米，外面密被棕褐色微柔毛；花瓣白色，有淡红色脉纹，倒卵形，顶端圆形，基部爪状。雄花：雄蕊8~12枚，2轮；外轮离生，内轮花丝中部以下合生。雌花：子房密被柔毛，3~5(8)室，每室有1颗胚珠，花柱与子房室同数，2裂。核果近球状，直径4~6(8)厘米，果皮光滑；种子3~4(8)颗，种皮木质。花期3~4月，果期8~9月。

产于陕西、河南、江苏、安徽、浙江、江西、福建、湖南、湖北、广东、海南、广西、四川、贵州、云南等地。

【药用价值】根：消积驱虫、祛风利湿，用于蛔虫病、食积腹胀、风湿筋骨痛、湿气水肿。叶：解毒、杀虫，外用治疮疡、癣疥。花：清热解毒、生肌，外用于烧烫伤。

枸 骨 冬青科 冬青属 *Ilex cornuta* Lindl. et Paxt.

【形态与分布】常绿灌木或小乔木，幼枝具纵脊及沟，沟内被微柔毛或变无毛，二年生枝褐色，三年生枝灰白色，具纵裂缝及隆起的叶痕，无皮孔。叶片厚革质，二型，四角状长圆形或卵形；托叶胼胝质，宽三角形。花序簇生于二年生枝的叶腋内，基部宿存鳞片近圆形，被柔毛，具缘毛；苞片卵形，先端钝或具短尖头，被短柔毛和缘毛；花淡黄色，4基数。雄花花梗无毛，基部具1~2枚阔三角形的小苞片；花萼盘状；裂片膜质，阔三角形，疏被微柔毛，具缘毛；花冠辐状，花瓣长圆状卵形，反折，基部合生；雄蕊与花瓣近等长或稍长，花药长圆状卵形；退化子房近球形，先端钝或圆形，不明显的4裂。雌花无毛，基部具2枚小的阔三角形苞片；花萼与花瓣像雄花；退化雄蕊长为花瓣的4/5，略长于子房，败育花药卵状箭头形；子房长圆状卵球形，柱头盘状，4浅裂。果球形，成熟时鲜红色，基部具四角形宿存花萼，顶端宿存柱头盘状，明显4裂。分核4，轮廓倒卵形或椭圆形，遍布皱纹和皱纹状纹孔，背部中央具1纵沟，内果皮骨质。花期4~5月，果期10~12月。

产于江苏、安徽、浙江、江西、湖北、湖南等地。

【药用价值】根：滋补强壮、活络、清风热、祛风湿。枝叶：肺痨咳嗽、劳伤失血、腰膝痿弱、风湿痹痛。果实：阴虚身热、淋浊、崩带、筋骨疼痛。

白车轴草 豆科 车轴草属 *Trifolium repens* L.

【形态与分布】短期多年生草本，生长期达5年，高10~30厘米。主根短，侧根和须根发达。茎匍匐蔓生，上部稍上升，节上生根，全株无毛。掌状三出复叶；托叶卵状披针形，膜质，基部抱茎成鞘状，离生部分锐尖；叶柄较长，长10~30厘米；小叶倒卵形至近圆形，长8~20毫米，宽8~16毫米，先端凹头至钝圆，基部楔形渐窄至小叶柄，中脉在下面隆起，侧脉约13对，与中脉作50°角展开，两面均隆起，近叶边分叉并伸达锯齿齿尖；小叶柄长1.5毫米，微被柔毛。花序球形，顶生，直径15~40毫米；总花梗甚长，比叶柄长近1倍，具花20~50朵，密集；无总苞；苞片披针形，膜质，锥尖；花长7~12毫米；花梗比花萼稍长或等长，开花立即下垂；萼钟形，具脉纹10条，萼齿5，披针形，稍不等长，短于萼筒，萼喉开张，无毛；花冠白色、乳黄色或淡红色，具香气。旗瓣椭圆形，比翼瓣和龙骨瓣长近1倍，龙骨瓣比翼瓣稍短；子房线状长圆形，花柱比子房略长，胚珠3~4粒。荚果长圆形；种子通常3粒。种子阔卵形。

产于全国各地。

【药用价值】全草：用于清热凉血、安神镇痛、祛痰止咳。

刺 槐 豆科 刺槐属 *Robinia pseudoacacia* L.

【形态与分布】落叶乔木，树皮灰褐色至黑褐色，浅裂至深纵裂，稀光滑。小枝灰褐色，幼时有棱脊，微被毛，后无毛；具托叶刺；冬芽小，被毛。羽状复叶；叶轴上面具沟槽；小叶2~12对，常对生，椭圆形、长椭圆形或卵形，先端圆，微凹，具小尖头，基部圆至阔楔形，全缘，上面绿色，下面灰绿色，幼时被短柔毛，后变无毛；小托叶针芒状。总状花序腋生，下垂，花多数，芳香；苞片早落；刺槐长7~8毫米；花萼斜钟状，萼齿5，密被柔毛；花冠白色，各瓣均具瓣柄，长16毫米，宽约19毫米，先端凹缺，内有黄斑，翼瓣斜倒卵形，与旗瓣几等长，长约16毫米，基部一侧具圆耳，龙骨瓣镰状，三角形，与翼瓣等长或稍短，前缘合生，先端钝尖；雄蕊二体，对旗瓣的1枚分离；子房线形，无毛，花柱钻形，顶端具毛，柱头顶生。荚果褐色，或具红褐色斑纹，线状长圆形，扁平，先端上弯，具尖头，果颈短；花萼宿存；种子褐色至黑褐色，微具光泽，有时具斑纹，近肾形，种脐圆形，偏于一端。花期4~6月，果期8~9月。

产于甘肃、青海、内蒙古、新疆、山西、陕西、河北、河南、山东等地。

【药用价值】止血，用于大肠出血、咯血、吐血、妇女红崩。

红花刺槐 豆科 刺槐属 *Robinia × ambigua* 'Idahoensis'

【形态与分布】树皮呈灰褐色，具纵裂纹。该树生枝绿色，无毛。羽状复叶长达25厘米；叶轴初被疏柔毛，旋即脱净；叶柄基部膨大，包裹着芽；托叶形状多变，有时呈卵形，叶状，有时线形或钻状，早落；非常壮观美丽。叶繁枝茂，树冠开阔，树干笔直，树景壮观，全株树形自然开张，树态苍劲挺拔，观赏性强。

产于全国各地。

【药用价值】花和荚果：清凉收敛、止血降压。叶和根皮：清热解毒，用于疮毒。

合欢　豆科　合欢属　*Albizia julibrissin* Durazz.

【形态与分布】落叶乔木，高可达16米，树冠开展；小枝有棱角，嫩枝、花序和叶轴被绒毛或短柔毛。托叶线状披针形，较小叶小，早落。二回羽状复叶，总叶柄近基部及最顶一对羽片着生处各有1枚腺体；羽片4~12对，栽培的有时达20对；小叶10~30对，线形至长圆形，向上偏斜，先端有小尖头，有缘毛，有时在下面或仅中脉上有短柔毛；中脉紧靠上边缘。头状花序于枝顶排成圆锥花序；花粉红色；花萼管状，长3毫米；花冠长8毫米，裂片三角形，花萼、花冠外均被短柔毛；荚果带状，嫩荚有柔毛，老荚无毛。花期6~7月；果期8~10月。心材黄灰褐色，边材黄白色，耐久。

产于我国东北至华南及西南部等地。

【药用价值】树皮：驱虫。花：用于心神不安、忧郁失眠、郁结胸闷、神经衰弱。

金枝槐 豆科 槐属 *Sophora japonica* 'Winter Gold'

【形态与分布】落叶小乔木，树高与嫁接点高度相关，目前尚无工程用的大树。树冠呈杯状展开，嫁接当年抽条长度在一米以上。枝和叶在春秋两季金黄色，夏季渐转浅绿色，冬季枝金黄色，幼树砧木翠绿色。叶奇数羽状复叶，卵状披针形。

【药用价值】清凉收敛、止血降压。根、皮：清疮除癣。

龙爪槐 豆科 槐属 *Sophora japonica* 'Pendula'

【形态与分布】乔木，树皮灰褐色，具纵裂纹。当年生枝绿色，无毛。羽状复叶长达25厘米；托叶形状多变，呈卵形，叶状；小叶4~7对，对生或近互生，纸质，卵状披针形，先端渐尖，具小尖头，基部宽楔形或近圆形，下面灰白色，初被疏短柔毛，旋变无毛；小托叶2枚，钻状。圆锥花序顶生，花梗比花萼短；小苞片2枚，形似小托叶；花萼浅钟状，长约4毫米，萼齿5，近等大，圆形或钝三角形，被灰白色短柔毛，萼管近无毛；花冠白色或淡黄色，旗瓣近圆形，长和宽约11毫米，具短柄，有紫色脉纹，先端微缺，基部浅心形，翼瓣卵状长圆形，长10毫米，宽4毫米，先端浑圆，基部斜戟形，无皱褶，龙骨瓣阔卵状长圆形，与翼瓣等长，宽达6毫米；雄蕊近分离，宿存；子房近无毛。荚果串珠状，种子间缢不明显，种子排列较紧密，具肉质果皮，成熟后不开裂，种子淡绿色，具种子1~6粒。

产于全国各地。

【药用价值】清凉收敛、止血降压。叶和根皮：用于清热解毒、疮毒。

长萼鸡眼草 豆科 鸡眼草属 *Kummerowia stipulacea* (Maxim.) Makino

【形态与分布】一年生草本，茎平伏，上升或直立，多分枝，茎和枝上被疏生向上的白毛，有时仅节处有毛。叶为三出羽状复叶；托叶卵形，比叶柄长或有时近相等，边缘通常无毛；叶柄短；小叶纸质，倒卵形、宽倒卵形或倒卵状楔形，顶端微凹或近截形，基部楔形，全缘；下面中脉及边缘有毛，侧脉多而密。花常1~2朵腋生；小苞片4，较萼筒稍短、稍长或近等长，生于萼下，其中1枚很小，生于花梗关节之下，常具1~3条脉；花梗有毛；花萼膜质，阔钟形，5裂，裂片宽卵形，有缘毛；花冠上部暗紫色，旗瓣椭圆形，先端微凹，下部渐狭成瓣柄，较龙骨瓣短，翼瓣狭披针形，与旗瓣近等长，龙骨瓣钝，上面有暗紫色斑点；雄蕊二体（9+1）。荚果椭圆形或卵形，稍侧偏，常较萼长1.5~3倍。花期7~8月，果期8~10月。

产我国东北、华北、华东、中南、西北等地。

【药用价值】全草：清热解毒、健脾利湿。

鸡眼草 豆科 鸡眼草属 *Kummerowia striata* (Thunb.) Schindl.

【形态与分布】一年生草本，披散或平卧，多分枝，茎和枝上被倒生的白色细毛。叶为三出羽状复叶；托叶大，膜质，卵状长圆形，比叶柄长，具条纹，有缘毛；叶柄极短；小叶纸质，倒卵形、长倒卵形或长圆形，较小，先端圆形，稀微缺，基部近圆形或宽楔形，全缘；两面沿中脉及边缘有白色粗毛，但上面毛较稀少，侧脉多而密。花小，单生或2~3朵簇生于叶腋；花梗下端具2枚大小不等的苞片，萼基部具4枚小苞片，其中1枚极小，位于花梗关节处，小苞片常具5~7条纵脉；花萼钟状，带紫色，5裂，裂片宽卵形，具网状脉，外面及边缘具白毛；花冠粉红色或紫色，较萼约长1倍，旗瓣椭圆形，下部渐狭成瓣柄，具耳，龙骨瓣比旗瓣稍长或近等长，翼瓣比龙骨瓣稍短。荚果圆形或倒卵形，稍侧扁，较萼稍长或长达1倍，先端短尖，被小柔毛。花期7~9月，果期8~10月。

产于我国东北、华北、华东、中南、西南等地。

【药用价值】全草：利尿通淋、解热止痢，用于风疹。

珍珠金合欢 豆科 金合欢属 *Acacia podalyriifolia* A. Cunn. ex G. Don

【形态与分布】灌木或小乔木，树皮粗糙，褐色，多分枝，有小皮孔。托叶针刺状，刺长1~2厘米。二回羽状复叶，叶轴槽状，被灰白色柔毛，有腺体；羽片4~8对，小叶通常10~20对，线状长圆形，无毛。头状花序1个或2~3个簇生于叶腋，直径1~1.5厘米；总花梗被毛，苞片位于总花梗的顶端或近顶部；花黄色，有香味；花萼长1.5毫米，5齿裂；花瓣连合呈管状，长约2.5毫米，5齿裂；雄蕊长约为花冠的2倍；子房圆柱状，被微柔毛。荚果膨胀，近圆柱状，褐色，无毛，劲直或弯曲；种子多颗，褐色，卵形，长约6毫米。花期3~6月；果期7~11月。

产于浙江、台湾、福建、广东、广西、云南、四川等地。

【药用价值】全株：收敛、清热。

双荚决明 豆科 决明属 *Cassia bicapsularis* L.

【形态与分布】直立灌木，多分枝，无毛。小叶倒卵形或倒卵状长圆形，膜质，顶端圆钝，基部渐狭，偏斜，下面粉绿色，侧脉纤细，在近边缘处呈网结；在最下方的一对小叶间有黑褐色线形而钝头的腺体1枚。总状花序生于枝条顶端的叶腋间，常集成伞房花序状，长度约与叶相等，花鲜黄色；雄蕊10枚，7枚能育，3枚退化而无花药，能育雄蕊中有3枚特大，高出于花瓣，4枚较小，短于花瓣。荚果圆柱状，膜质，直或微曲，缝线狭窄；种子2列。花期10~11月；果期11月至翌年3月。

产于广东、广西等地。

【药用价值】用于泻下导滞。

常春油麻藤 豆科 黧豆属 *Mucuna sempervirens* Hemsl.

【形态与分布】常绿木质藤本，树皮有皱纹，幼茎有纵棱和皮孔。羽状复叶具3小叶；小叶纸质或革质，顶生小叶椭圆形，长圆形或卵状椭圆形，先端渐尖，基部稍楔形，侧生小叶极偏斜，无毛；小叶柄长4~8毫米，膨大。总状花序生于老茎上，每节上有3花，无香气或有臭味；苞片和小苞片不久脱落，苞片狭倒卵形，花梗具短硬毛；小苞片卵形或倒卵形；花萼密被暗褐色伏贴短毛，外面被稀疏的金黄色或红褐色脱落的长硬毛，萼筒宽杯形；花冠深紫色，干后黑色，旗瓣圆形，先端凹，花柱下部和子房被毛。果木质，带形，种子间缢缩，近念珠状，边缘多数加厚，凸起为一圆形脊，中央无沟槽，无翅，具伏贴红褐色短毛和长的脱落红褐色刚毛，种子4~12颗，内部隔膜木质；带红色，褐色或黑色，扁长圆形，种脐黑色，包围着种子的3/4。花期4~5月，果期8~10月。

产于四川、贵州、云南、陕西南部、湖北、浙江、江西、湖南、福建、广东、广西等地。

【药用价值】茎藤：活血去瘀、舒筋活络。

天蓝苜蓿 豆科 苜蓿属 *Medicago minima* (L.) Grufb.

【形态与分布】一、二年生或多年生草本，高15~60厘米，全株被柔毛或有腺毛。主根浅，须根发达。茎平卧或上升，多分枝，叶茂盛。羽状三出复叶；托叶卵状披针形，长可达1厘米，先端渐尖，基部圆或戟状，常齿裂；下部叶柄较长，长1~2厘米，上部叶柄比小叶短；小叶倒卵形、阔倒卵形或倒心形，长5~20毫米，宽4~16毫米，纸质，先端多少截平或微凹，具细尖，基部楔形，边缘在上半部具不明显尖齿，两面均被毛，侧脉近10对，平行达叶边，几不分叉，上下均平坦；顶生小叶较大，小叶柄长2~6毫米，侧生小叶柄甚短。花序小头状，具花10~20朵；总花梗细，挺直，比叶长，密被贴伏柔毛；苞片刺毛状，甚小；花长2~2.2毫米；花梗短，长不到1毫米；萼钟形，长约2毫米，密被毛，萼齿线状披针形，稍不等长，比萼筒略长或等长；花冠黄色，旗瓣近圆形，顶端微凹，翼瓣和龙骨瓣近等长，均比旗瓣短：子房阔卵形，被毛，花柱弯曲，胚珠1粒。荚果肾形，长3毫米，宽2毫米，表面具同心弧形脉纹，被稀疏毛，熟时变黑；有种子1粒。种子卵形，褐色，平滑。花期7~9月，果期8~10月。

产于我国南北各地及青藏高原。

【药用价值】用于贫血、关节炎、溃疡、出血性疾病、骨骼或关节疾病、消化系统疾病。

豌 豆

豆科 豌豆属 *Pisum sativum* L.

【形态与分布】一年生攀援草本。全株绿色，光滑无毛，被粉霜。叶具小叶4~6片，托叶比小叶大，叶状，心形，下缘具细牙齿。小叶卵圆形，长2~5厘米，宽1~2.5厘米；花于叶腋单生或数朵排列为总状花序；花萼钟状，深5裂，裂片披针形；花冠颜色多样，随品种而异，但多为白色和紫色，雄蕊 (9+1) 两体。子房无毛，花柱扁，内面有髯毛。荚果肿胀，长椭圆形，顶端斜急尖，背部近于伸直，内侧有坚硬纸质的内皮；种子2~10颗，圆形，青绿色，有皱纹或无，干后变为黄色。花期6~7月，果期7~9月。

【药用价值】种子：利尿、止泻。茎叶：清凉解暑。

救荒野豌豆

豆科 野豌豆属 *Vicia sativa* L.

【形态与分布】一年生或二年生草本。茎斜升或攀援，单一或多分枝，具棱，被微柔毛。偶数羽状复叶，叶轴顶端卷须有2~3分支；托叶戟形，2~4裂齿，小叶2~7对，长椭圆形或近心形，先端圆或平截有凹，具短尖头，基部楔形，侧脉不甚明显，两面被贴伏黄柔毛。花1~2 (4) 腋生，近无梗；萼钟形，外面被柔毛，萼齿披针形或锥形；花冠紫红色或红色，旗瓣长倒卵圆形，先端圆，微凹，中部缢缩，翼瓣短于旗瓣，长于龙骨瓣；子房线形，微被柔毛，胚珠4~8，子房具柄短，花柱上部被淡黄白色髯毛。荚果线长圆形，表皮土黄色种间缢缩，有毛，成熟时背腹开裂，果瓣扭曲。种子4~8，圆球形，棕色或黑褐色，种脐长相当于种子圆周1/5。花期4~7月，果期7~9月。

产于全国各地。

【药用价值】全草药用，活血平胃，利五脏，明耳目。全草捣烂外敷可治疗痔疮。

四籽野豌豆 豆科 野豌豆属 *Vicia tetrasperma* (L.) Schreber

【形态与分布】一年生缠绕草本，高20~60厘米。茎纤细柔软有棱，多分支，被微柔毛。偶数羽状复叶，长2~4厘米；顶端为卷须，托叶箭头形或半三角形；小叶2~6对，长圆形或线形，先端圆，具短尖头，基部楔形。总状花序，花1~2朵着生于花序轴先端，花甚小；花萼斜钟状，萼齿圆三角形；花冠淡蓝色或带蓝、紫白色，旗瓣长圆倒卵形，翼瓣与龙骨瓣近等长；子房长圆形，有柄，胚珠4，花柱上部四周被毛。荚果长圆形，表皮棕黄色，近革质，具网纹。种子4，扁圆形，种皮褐色，种脐白色，长相当于种子周长1/4。花期3~6月，果期6~8月。

产于河南、江苏、安徽、浙江、江西、台湾、湖北、湖南、广西、四川、贵州、云南等地。

【药用价值】活血、消肿、定眩，用于疔疮、痈疽、发背、痔疮、明目、头晕耳鸣。

紫 荆

豆科 紫荆属 *Cercis chinensis* Bunge

【形态与分布】丛生或单生灌木；树皮和小枝灰白色。叶纸质，近圆形或三角状圆形，宽与长相若或略短于长，先端急尖，基部浅至深心形，两面通常无毛，嫩叶绿色，仅叶柄略带紫色，叶缘膜质透明，新鲜时明显可见。花紫红色或粉红色，2~10余朵成束，簇生于老枝和主干上，尤以主干上花束较多，越到上部幼嫩枝条则花越少，通常先于叶开放，但嫩枝或幼株上的花则与叶同时开放；龙骨瓣基部具深紫色斑纹；子房嫩绿色，花蕾时光亮无毛，后期则密被短柔毛，有胚珠6~7颗。荚果扁狭长形，绿色，翅宽约1.5毫米，先端急尖或短渐尖，喙细而弯曲，基部长渐尖，两侧缝线对称或近对称；果颈长2~4毫米；种子2~6颗，阔长圆形，黑褐色，光亮。花期3~4月；果期8~10月。

产于河北、广东、广西、云南、四川、陕西、江苏和山东等地。

【药用价值】树皮：清热解毒、活血行气、消肿止痛，用于产后血气痛、疔疮肿毒、喉痹。花：用于风湿筋骨痛。

紫藤 豆科 紫藤属 *Wisteria sinensis* (Sims) Sweet

【形态与分布】落叶藤本。茎左旋，枝较粗壮，嫩枝被白色柔毛，后秃净；冬芽卵形。奇数羽状复叶长15~25厘米；托叶线形，早落；小叶3~6对，纸质，卵状椭圆形至卵状披针形，上部小叶较大，基部1对最小，先端渐尖至尾尖，基部钝圆或楔形，或歪斜，嫩叶两面被平伏毛，后秃净；小叶柄被柔毛；小托叶刺毛状，宿存。总状花序发自去年短枝的腋芽或顶芽，花序轴被白色柔毛；苞片披针形，早落；花芳香；花梗细，花萼杯状，密被细绢毛，上方2齿甚钝，下方3齿卵状三角形；花冠细绢毛，上方2齿甚钝，下方3齿卵状三角形；花冠紫色，旗瓣圆形，先端略凹陷，花开后反折，基部有2胼胝体，翼瓣长圆形，基部圆，龙骨瓣较翼瓣短，阔镰形，子房线形，密被绒毛，花柱无毛，上弯，胚珠6~8粒。荚果倒披针形，密被绒毛，悬垂枝上不脱落，有种子1~3粒；种子褐色，具光泽，圆形，扁平。花期4月中旬至5月上旬，果期5~8月。

产于河北以南黄河长江流域及陕西、河南、广西、贵州、云南等地。

【药用价值】花：解毒、止吐泻。种子：有小毒，用于治疗筋骨疼。皮：杀虫、止痛，可以治风痹痛、蛲虫病等。

锦绣杜鹃

杜鹃花科 杜鹃属 *Rhododendron pulchrum* Sweet

【形态与分布】半常绿灌木，高1.5~2.5米；枝开展，淡灰褐色，被淡棕色糙伏毛。叶薄革质，椭圆状长圆形至椭圆状披针形或长圆状倒披针形，长2~5（7）厘米，宽1~2.5厘米，先端钝尖，基部楔形，边缘反卷，全缘，上面深绿色，初时散生淡黄褐色糙伏毛，后近于无毛，下面淡绿色，被微柔毛和糙伏毛，中脉和侧脉在上面下凹，下面显著凸出；叶柄长3~6毫米，密被棕褐色糙伏毛。花芽卵球形，内有黏质。伞形花序顶生，有花1~5朵；花梗长0.8~1.5厘米，密被淡黄褐色长柔毛；花萼大，绿色，5深裂，裂片披针形，长约1.2厘米，被糙伏毛；花冠玫瑰紫色，长4.8~5.2厘米，直径约6厘米，裂片5，阔卵形，长约3.3厘米，具深红色斑点；雄蕊10，近于等长，长3.5~4厘米，花丝线形，下部被微柔毛；子房卵球形，长3毫米，径2毫米，密被黄褐色刚毛状糙伏毛，花柱长约5厘米，比花冠稍长或与花冠等长，无毛。蒴果长圆状卵球形，长0.8~1厘米，被刚毛状糙伏毛，花萼宿存。花期4~5月，果期9~10月。

产江苏、浙江、江西、福建、湖北、湖南、广东和广西。

【药用价值】活血、调经、祛风湿，用于月经不调、跌打损伤、风湿痛、吐血。

杜 英 杜英科 杜英属 *Elaeocarpus decipiens* Hemsl.

【形态与分布】常绿乔木，高5~15米；嫩枝及顶芽初时被微毛，不久变秃净，干后黑褐色。叶革质，披针形或倒披针形，长7~12厘米，宽2~3.5厘米，上面深绿色，干后发亮，下面秃净无毛，幼嫩时亦无毛，先端渐尖，尖头钝，基部楔形，常下延，侧脉7~9对，在上面不很明显，在下面稍突起，网脉在上下两面均不明显，边缘有小钝齿；叶柄长1厘米，初时有微毛，在结实时变秃净。总状花序多生于叶腋，长4~10厘米，花序轴纤细，有微毛；花柄长4~5毫米；花白色，萼片披针形，长5.5毫米，宽1.5毫米，先端尖，两侧有微毛；花瓣倒卵形，与萼片等长，上半部撕裂，裂片14~16条，外侧无毛，内侧近基部有毛；雄蕊25~30枚，长3毫米，花丝极短，花药顶端无附属物；花盘5裂，有毛；子房3室，花柱长3.5毫米，胚珠每室2颗。核果椭圆形，长2~2.5厘米，宽1.3~2厘米，外果皮无毛，内果皮坚骨质，表面有多数沟纹，1室，种子1颗，长1.5厘米。花期6~7月。

产于广东、广西、福建、台湾、浙江、江西、湖南、云南等地。

【药用价值】根：散瘀消肿，用于跌打损伤、瘀肿。

杜 仲 杜仲科 杜仲属 *Eucommia ulmoides* Oliver

【形态与分布】杜仲为落叶乔木，高可达20米。树皮灰褐色，粗糙，内含橡胶，折断拉开有多数细丝。嫩枝有黄褐色毛，不久变秃净，老枝有明显的皮孔。芽体卵圆形，外面发亮，红褐色，有鳞片6~8片，边缘有微毛。叶椭圆形、卵形或矩圆形，薄革质。基部圆形或阔楔形，先端渐尖；上面暗绿色，初时有褐色柔毛，不久变秃净，老叶略有皱纹，下面淡绿，初时有褐毛，以后仅在脉上有毛。侧脉6~9对，与网脉在上面下陷，在下面稍突起，边缘有锯齿，叶柄长1~2厘米，上面有槽，被散生长毛。花生于当年枝基部，雄花无花被；花梗长约3毫米，无毛；苞片倒卵状匙形，顶端圆形，边缘有睫毛，早落；雄蕊长约1厘米，无毛，花丝长约1毫米，药隔突出，花粉囊细长，无退化雌蕊。雌花单生，苞片倒卵形，花梗长8毫米，子房无毛，1室，扁而长，先端2裂，子房柄极短。翅果扁平，长椭圆形，先端2裂，基部楔形，周围具薄翅。坚果位于中央，稍突起，子房柄长2~3毫米，与果梗相接处有关节。种子扁平，线形，两端圆形。

产于陕西、甘肃、河南、湖北、四川、云南、贵州、湖南、安徽、陕西、江西、广西、浙江等地。

【药用价值】用于腰脊酸疼、足膝痿弱、小便余沥、阴下湿痒、高血压、安胎。

木防己 防己科 木防己属 *Cocculus orbiculatus* (L.) DC.

【形态与分布】木质藤本；小枝被绒毛至疏柔毛，或有时近无毛，有条纹。叶片纸质至近革质，形状变异极大，自线状披针形至阔卵状近圆形、狭椭圆形至近圆形、倒披针形至倒心形，有时卵状心形，顶端短尖或钝而有小凸尖，有时微缺或2裂，边全缘或3裂，有时掌状5裂，宽不等，两面被密柔毛至疏柔毛，有时除下面中脉外两面近无毛；掌状脉3条，很少5条，在下面微凸起；叶柄被稍密的白色柔毛。聚伞花序少花，腋生，或排成多花，狭窄聚伞圆锥花序，顶生或腋生，被柔毛；雄花：小苞片2或1，紧贴花萼，被柔毛；萼片6，外轮卵形或椭圆状卵形，内轮阔椭圆形至近圆形，有时阔倒卵形；花瓣6，下部边缘内折，抱着花丝，顶端2裂，裂片叉开，渐尖或短尖；雄蕊6，比花瓣短；雌花：萼片和花瓣与雄花相同；退化雄蕊6，微小；心皮6，无毛。核果近球形，红色至紫红色，果核骨质，背部有小横肋状雕纹。

产于全国各地。

【药用价值】祛风止痛、行水清肿、解毒、降血压，用于风湿痹痛、神经痛、肾炎水肿、尿路感染；外治跌打损伤、蛇咬伤。

千金藤 防己科 千金藤属 *Stephania japonica* (Thunb.) Miers

【形态与分布】稍木质藤本，全株无毛；根条状，褐黄色；小枝纤细，有直线纹。叶纸质或坚纸质，通常三角状近圆形或三角状阔卵形，长6~15厘米，通常不超过10厘米，长度与宽度近相等或略小，顶端有小凸尖，基部通常微圆，下面粉白；掌状脉约10~11条，下面凸起；叶柄长3~12厘米，明显盾状着生。复伞形聚伞花序腋生，通常有伞梗4~8条，小聚伞花序近无柄，密集呈头状；花近无梗，雄花：萼片6或8，膜质，倒卵状椭圆形至匙形，长1.2~1.5毫米，无毛；花瓣3或4，黄色，稍肉质，阔倒卵形，长0.8~1毫米；聚药雄蕊长0.5~1毫米，伸出或不伸出；雌花：萼片和花瓣各3~4片，形状和大小与雄花的近似或较小；心皮卵状。果倒卵形至近圆形，长约8毫米，成熟时红色；果核背部有2行小横肋状雕纹，每行约8~10条，小横肋常断裂，胎座迹不穿孔或偶有一小孔。

产于河南南部、四川、湖北、湖南、江苏、浙江、安徽、江西、福建等地。

【药用价值】根：祛风活络、利尿消肿。

海 桐

海桐科 海桐花属 *Pittosporum tobira* (Thunb.) Ait.

【形态与分布】常绿灌木或小乔木，高达6米，嫩枝被褐色柔毛，有皮孔。叶聚生于枝顶，二年生，革质，嫩时上下两面有柔毛，以后变秃净，倒卵形或倒卵状披针形，上面深绿色，发亮、干后暗晦无光，先端圆形或钝，常微凹入或为微心形，基部窄楔形，侧脉6~8对，在靠近边缘处相结合，有时因侧脉间的支脉较明显而呈多脉状，网脉稍明显，网眼细小，全缘，干后反卷，叶柄长达2厘米。伞形花序或伞房状伞形花序顶生或近顶生，密被黄褐色柔毛，花梗长1~2厘米；苞片披针形；小苞片长2~3毫米，均被褐毛。花白色，有芳香，后变黄色；萼片卵形，被柔毛；花瓣倒披针形，离生；雄蕊2型，退化雄蕊的花丝长2~3毫米，花药近于不育；花药长圆形，黄色；子房长卵形，密被柔毛，侧膜胎座3个，胚珠多数，2列着生于胎座中段。蒴果圆球形，有棱或呈三角形，多少有毛，子房柄长1~2毫米，3片裂开，果片木质，厚1.5毫米，内侧黄褐色，有光泽，具横格；种子多数，长4毫米，多角形，红色，种柄长约2毫米。

产于长江以南滨海等地。

【药用价值】用于腰膝痛、风癣、风虫牙痛。

枫 杨 胡桃科 枫杨属 *Pterocarya stenoptera* C. DC.

【形态与分布】大乔木，高达30米；幼树树皮平滑，浅灰色，老时则深纵裂；小枝灰色至暗褐色，具灰黄色皮孔；芽具柄，密被锈褐色盾状着生的腺体。叶多为偶数或稀奇数羽状复叶，叶轴具翅至翅不甚发达，与叶柄一样被有疏或密的短毛；小叶10~16枚，无小叶柄，对生或稀近对生，长椭圆形至长椭圆状披针形，顶端常钝圆或稀急尖，基部歪斜，上方1侧楔形至阔楔形，下方1侧圆形，边缘有向内弯的细锯齿，上面被有细小的浅色疣状凸起，沿中脉及侧脉被有极短的星芒状毛，下面幼时被有散生的短柔毛，成长后脱落而仅留有极稀疏的腺体及侧脉腋内留有1丛星芒状毛。雄性葇荑花序，单独生于去年生枝条上叶痕腋内，花序轴常有稀疏的星芒状毛。雄花常具1枚发育的花被片，雄蕊5~12枚。雌性葇荑花序顶生，花序轴密被星芒状毛及单毛，具2枚不孕性苞片。雌花几乎无梗，苞片及小苞片基部常有细小的星芒状毛，并密被腺体。果序轴常被有宿存的毛。果实长椭圆形，基部常有宿存的星芒状毛；果翅狭，条形或阔条形，具近于平行的脉。花期4~5月，果熟期8~9月。

产于陕西、河南、山东、安徽、江苏、浙江、江西、福建、台湾、广东、广西等地。

【药用价值】用于慢性气管炎、疮疽疖肿、疥癣风痒、皮炎湿疹、汤火伤、祛风止痛、杀虫、风湿麻木、寒湿骨痛、头颅伤痛、齿痛、浮肿、痔疮、烫伤、溃疡。

虎耳草　虎耳草科　虎耳草属　*Saxifraga stolonifera* Curt.

【形态与分布】多年生草本。鞭匐枝细长，密被卷曲长腺毛，具鳞片状叶。茎被长腺毛，具1~4枚苞片状叶。基生叶具长柄，叶片近心形、肾形至扁圆形，先端钝或急尖，基部近截形、圆形至心形浅裂，裂片边缘具不规则齿牙和腺睫毛，腹面绿色，被腺毛，背面通常红紫色，被腺毛，有斑点，具掌状达缘脉序，叶柄被长腺毛；茎生叶披针形。聚伞花序圆锥状，花序分枝，被腺毛，具2~5花；花梗细弱，被腺毛；花两侧对称；萼片在花期开展至反曲，卵形，先端急尖，边缘具腺睫毛，腹面无毛，背面被褐色腺毛，3脉于先端汇合成1疣点；花瓣白色，中上部具紫红色斑点，基部具黄色斑点，5枚，其中3枚较短，卵形，先端急尖，基部具爪，羽状脉序，具2级脉，另2枚较长，披针形至长圆形，先端急尖，基部具爪，羽状脉序，具2级脉5~10条。花丝棒状；花盘半环状，围绕于子房一侧，边缘具瘤突；2心皮下部合生；子房卵球形，花柱2，叉开。花果期4~11月。

产于河北、陕西、甘肃、江苏、安徽、浙江、江西、福建、台湾、河南、湖北、湖南、广东、广西、四川、贵州、云南等地。

【药用价值】全草：微苦、辛、寒、有小毒，用于祛风清热、凉血解毒。

绣 球

虎耳草科 绣球属 *Hydrangea macrophylla* (Thunb.) Ser.

【形态与分布】灌木，茎常于基部发出多数放射枝而形成圆形灌丛；枝圆柱形，粗壮，紫灰色至淡灰色，无毛，具少数长形皮孔。叶纸质或近革质，倒卵形或阔椭圆形，先端骤尖，具短尖头，基部钝圆或阔楔形，边缘于基部以上具粗齿，两面无毛或仅下面中脉两侧被稀疏卷曲短柔毛，脉腋间常具少许髯毛；侧脉6~8对，直，向上斜举或上部近边缘处微弯拱，上面平坦，下面微凸，小脉网状，两面明显；叶柄粗壮，无毛。伞房状聚伞花序近球形，具短的总花梗，分枝粗壮，近等长，密被紧贴短柔毛，花密集，多数不育；不育花萼片4，阔物卵形、近圆形或阔卵形，粉红色、淡蓝色或白色；萼筒倒圆锥状，与花梗疏被卷曲短柔毛，萼齿卵状三角形，花瓣长圆形，雄蕊10枚，近等长，不突出或稍突出，花药长圆形，长约1毫米；子房大半下位，花柱3，结果时长约1.5毫米，柱头稍扩大，半环状。蒴果未成熟，长陀螺状，种子未熟。花期6~8月。

产于山东、江苏、安徽、浙江、福建、河南、湖北、湖南等地。

【药用价值】清热抗疟，用于心脏病。

黄 杨

黄杨科 黄杨属 *Buxus sinica* (Rehd. et Wils.) Cheng

【形态与分布】灌木或小乔木，高1~6米；枝圆柱形，有纵棱，灰白色；小枝四棱形，全面被短柔毛或外方相对两侧面无毛，节间长0.5~2厘米。叶革质，阔椭圆形、阔倒卵形、卵状椭圆形或长圆形，大多数长1.5~3.5厘米，宽0.8~2厘米，先端圆或钝，常有小凹口，不尖锐，基部圆或急尖或楔形，叶面光亮，中脉凸出，下半段常有微细毛，侧脉明显，叶背中脉平坦或稍凸出，中脉上常密被白色短线状钟乳体，全无侧脉，叶柄长1~2毫米，上面被毛。花序腋生，头状，花密集，花序轴长3~4毫米，被毛，苞片阔卵形，长2~2.5毫米，背部多少有毛；雄花：约10朵，无花梗，外萼片卵状椭圆形，内萼片近圆形，长2.5~3毫米，无毛，雄蕊连花药长4毫米，不育雌蕊有棒状柄，末端膨大，高2毫米左右（高度约为萼片长度的2/3或和萼片几等长）；雌花：萼片长3毫米，子房较花柱稍长，无毛，花柱粗扁，柱头倒心形，下延达花柱中部。蒴果近球形，长6~8(10)毫米，宿存花柱长2~3毫米。花期3月，果期5~6月。

分布于陕西、甘肃、湖北、四川、贵州、广西、广东、江西、浙江、安徽、江苏、山东各省区。

【药用价值】鲜叶、茎、根：用于清热解毒、化痰止咳、祛风、止血。根：用于吐血。嫩枝叶：用于目赤肿痛、痈疮肿痛、风湿骨痛、咯血、狂犬咬伤、妇女难产。

白花夹竹桃 夹竹桃科 夹竹桃属 *Nerium indicum* Mill.

【形态与分布】常绿直立大灌木，枝条灰绿色，含水液；嫩枝条具棱，被微毛，老时毛脱落。叶3~4枚轮生，下枝为对生，窄披针形，顶端急尖，基部楔形，叶缘反卷，叶面深绿，无毛，叶背浅绿色，有多数洼点，幼时被疏微毛，老时毛渐脱落；叶柄扁平，基部稍宽，幼时被微毛，老时毛脱落；叶柄内具腺体。聚伞花序顶生，着花数朵；总花梗被微毛；苞片披针形，花芳香；花萼红色，披针形，外面无毛，内面基部具腺体；花白色，花冠为单瓣呈5裂时，其花冠为漏斗状，其花冠筒呈圆筒形，上部扩大呈钟形，花冠筒内面被长柔毛，花冠喉部具5片宽鳞片状副花冠，每片其顶端撕裂，并伸出花冠喉部之外，花冠裂片倒卵形，顶端圆形；花冠为重瓣呈15~18枚时，裂片组成三轮，内轮为漏斗状，外面二轮为辐状，每花冠裂片基部具长圆形而顶端撕裂的鳞片；雄蕊着生在花冠筒中部以上，花丝短，被长柔毛，花药箭头状，内藏，与柱头连生，基部具耳，顶端渐尖，药隔延长呈丝状，被柔毛；无花盘；心皮2，离生，被柔毛，花柱丝状，柱头近球圆形，顶端凸尖；每心皮有胚珠多颗。蓇葖2，离生，平行或并连，长圆形，两端较窄，绿色，无毛，具细纵条纹；种子长圆形，基部较窄，顶端钝、褐色，种皮被锈色短柔毛，顶端具黄褐色绢质种毛。

产于全国各地。

【药用价值】叶、树皮、根、花、种子：毒性。叶、茎皮：强心作用。

欧洲夹竹桃　夹竹桃科 夹竹桃属　*Nerium oleander* L.

【形态与分布】常绿直立大灌木，高达5米，枝条灰绿色，含水液；嫩枝条具棱，被微毛，老时毛脱落。叶3~4枚轮生，下枝为对生，窄披针形，顶端急尖，基部楔形，叶缘反卷，叶面深绿，无毛，叶背浅绿色，有多数洼点，幼时被疏微毛，老时毛渐脱落；中脉在叶面陷入，在叶背凸起，侧脉两面扁平，纤细，密生而平行，直达叶缘；叶柄扁平，基部稍宽，幼时被微毛，老时毛脱落；叶柄内具腺体。聚伞花序顶生，着花数朵；总花梗长约3厘米，被微毛；苞片披针形；花芳香；花萼5深裂，红色，披针形，外面无毛，内面基部具腺体；花冠深红色或粉红色，栽培演变有白色或黄色，花冠为单瓣呈5裂时，其花冠为漏斗状，花冠筒呈圆筒形，上部扩大呈钟形，花冠筒内面被长柔毛，花冠喉部具5片宽鳞片状副花冠，每片其顶端撕裂，并伸出花冠喉部之外，花冠裂片倒卵形，顶端圆形，花冠为重瓣，裂片组成三轮，内轮为漏斗状，外面二轮为辐状，分裂至基部或每2~3片基部连合，裂片长2~3.5厘米，宽约1~2厘米，每花冠裂片基部具长圆形而顶端撕裂的鳞片；雄蕊着生在花冠筒中部以上，花丝短，被长柔毛，花药箭头状，内藏，与柱头连生，基部具耳，顶端渐尖，药隔延长呈丝状，被柔毛；无花盘；心皮2，离生，被柔毛，花柱丝状，长7~8毫米，柱头近球圆形，顶端凸尖；每心皮有胚珠多颗。蓇葖2，离生，平行或并连，长圆形，两端较窄，绿色，无毛，具细纵条纹；种子长圆形，基部较窄，顶端钝、褐色，种皮被锈色短柔毛，顶端具黄褐色绢质种毛；种毛长约1厘米。花期几乎全年，夏秋为最盛；果期一般在冬春季。

产于全国各地。

【药用价值】叶、茎皮：强心作用，有毒性。

络 石 夹竹桃科 络石属 *Trachelospermum jasminoides* (Lindl.) Lem.

【形态与分布】常绿木质藤本，长达10米，具乳汁；茎赤褐色，圆柱形，有皮孔；小枝被黄色柔毛，老时渐无毛。叶革质或近革质，椭圆形至卵状椭圆形或宽倒卵形，长2~10厘米，宽1~4.5厘米，顶端锐尖至渐尖或钝，有时微凹或有小凸尖，基部渐狭至钝，叶面无毛，叶背被疏短柔毛，老渐无毛；二歧聚伞花序腋生或顶生，花多朵组成圆锥状；花白色，芳香；苞片及小苞片狭披针形；花萼5深裂，裂片线状披针形，外面被有长柔毛及缘毛，内面无毛，基部具10枚鳞片状腺体；雄蕊着生在花冠筒中部，腹部粘生在柱头上，花药箭头状，基部具耳，隐藏在花喉内；子房2个离生心皮组成，无毛，花柱圆柱状，柱头卵圆形，顶端全缘；每心皮有胚珠多颗，着生于2个并生的侧膜胎座上。蓇葖双生，线状披针形，向先端渐尖。种子多颗，褐色，线形，顶端具白色绢质种毛。花期3~7月，果期7~12月。

产于山东、安徽、江苏、浙江、福建、四川、陕西等地。

【药用价值】根、茎、叶、果实：祛风活络、止血、止痛消肿、清热解毒，用于关节炎、肌肉痹痛、跌打损伤、产后腹痛。

长春花　夹竹桃科　长春花属　*Catharanthus roseus* (L.) G. Don

【形态与分布】亚灌木，略有分枝，高达60厘米，有水液，全株无毛或仅有微毛；茎近方形，有条纹，灰绿色；节间长1~3.5厘米。叶膜质，倒卵状长圆形，长3~4厘米，宽1.5~2.5厘米，先端浑圆，有短尖头，基部广楔形至楔形，渐狭而成叶柄；叶脉在叶面扁平，在叶背略隆起，侧脉约8对。聚伞花序腋生或顶生，有花2~3朵；花萼5深裂，内面无腺体或腺体不明显，萼片披针形或钻状渐尖，长约3毫米；花冠红色，高脚碟状，花冠筒圆筒状，长约2.6厘米，内面具疏柔毛，喉部紧缩，具刚毛；花冠裂片宽倒卵形，长和宽约1.5厘米；雄蕊着生于花冠筒的上半部，但花药隐藏于花喉之内，与柱头离生；子房和花盘与属的特征相同。蓇葖双生，直立，平行或略叉开，长约2.5厘米，直径3毫米；外果皮厚纸质，有条纹，被柔毛；种子黑色，长圆状圆筒形，两端截形，具有颗粒状小瘤。花期、果期几乎全年。

产于广东、广西、云南等地。

【药用价值】凉血降压、镇静安神，用于高血压、恶性淋巴瘤、绒毛膜上皮癌、单核细胞性白血病。

枫香树 金缕梅科 枫香树属 *Liquidambar formosana* Hance

【形态与分布】落叶乔木，高达30米，胸径最大可达1米，树皮灰褐色，方块状剥落；小枝干后灰色，被柔毛，略有皮孔；芽体卵形，长约1厘米，略被微毛，鳞状苞片敷有树脂，干后棕黑色，有光泽。叶薄革质，阔卵形，掌状3裂，中央裂片较长，先端尾状渐尖；两侧裂片平展；基部心形；上面绿色，干后灰绿色，不发亮；下面有短柔毛，或变秃净仅在脉腋间有毛；掌状脉3~5条，在上下两面均显著，网脉明显可见；边缘有锯齿，齿尖有腺状突；叶柄长达11厘米，常有短柔毛；托叶线形，游离，或略与叶柄连生，长1~1.4厘米，红褐色，被毛，早落。雄性短穗状花序常多个排成总状，雄蕊多数，花丝不等长，花药比花丝略短。雌性头状花序有花24~43朵，花序柄长3~6厘米，偶有皮孔，无腺体；萼齿4~7个，针形，长4~8毫米，子房下半部藏在头状花序轴内，上半部游离，有柔毛，花柱长6~10毫米，先端常卷曲。头状果序圆球形，木质，直径3~4厘米；蒴果下半部藏于花序轴内，有宿存花柱及针刺状萼齿。种子多数，褐色，多角形或有窄翅。

产于四川、湖北、贵州、广西及广东等地。

【药用价值】树脂：解毒止痛、止血生肌。根、叶及果实：祛风除湿、通络活血。

红花檵木

金缕梅科 檵木属 *Loropetalum chinense* Oliver var. *rubrum* Yieh

【形态与分布】灌木，有时为小乔木，多分枝，小枝有星毛。叶革质，卵形，先端尖锐，基部钝，不等侧，上面略有粗毛或秃净，干后暗绿色，无光泽，下面被星毛，稍带灰白色，侧脉约5对，在上面明显，在下面突起，全缘；叶柄长2~5毫米，有星毛；托叶膜质，三角状披针形，早落。花3~8朵簇生，有短花梗，花紫红色，比新叶先开放，或与嫩叶同时开放，花序柄长约1厘米，被毛；苞片线形，萼筒杯状，被星毛，萼齿卵形，花后脱落；花瓣4片，带状，先端圆或钝；雄蕊4个，花丝极短，药隔突出成角状；退化雄蕊4个，鳞片状，与雄蕊互生；子房完全下位，被星毛；花柱极短，胚珠1个，垂生于心皮内上角。蒴果卵圆形，先端圆，被褐色星状绒毛，萼筒长为蒴果的2/3。种子圆卵形黑色，发亮。花期3~4月。

产于长江中下游及以南地区。

【药用价值】叶：用于止血。根及叶：用于跌打损伤、去瘀生新。

小叶蚊母树

金缕梅科 蚊母树属 *Distylium buxifolium* (Hance) Merr.

【形态与分布】常绿灌木，高1~2米；嫩枝秃净或略有柔毛，纤细，节间长1~2.5厘米；老枝无毛，有皮孔，干后灰褐色；芽体有褐色柔毛。叶薄革质，倒披针形或矩圆状倒披针形，长3~5厘米，宽1~1.5厘米，先端锐尖，基部狭窄下延；上面绿色，干后暗晦无光泽，下面秃净无毛，干后稍带褐色；侧脉4~6对，在上面不明显，在下面略突起，网脉在两面均不显著；边缘无锯齿，仅在最尖端有由中肋突出的小尖突；叶柄极短，长不到1毫米，无毛；托叶短小，早落。雌花或两性花的穗状花序腋生，长1~3厘米，花序轴有毛，苞片线状披针形，长2~3毫米；萼筒极短，萼齿披针形，长2毫米，雄蕊未见；子房有星毛，花柱长5~6毫米。蒴果卵圆形，长7~8毫米，有褐色星状绒毛，先端尖锐，宿存花柱长1~2毫米。种子褐色，长4~5毫米，发亮。嫩枝纤细，稍压扁，秃净无毛，节间稍伸长，长约1~2.5厘米，叶倒披针形，先端锐尖，基部狭窄而下延，全缘，仅在最先端有1个小尖突，叶脉不明显，叶柄极短。

产于四川、湖北、湖南、福建、广东及广西等地。

【药用价值】利水渗湿，祛风活络。

堇菜 堇菜科 堇菜属 *Viola verecunda* A. Gray

【形态与分布】多年生草本，高5~20厘米。根状茎短粗，长1.5~2厘米，粗约5毫米，斜生或垂直，节间缩短，节较密，密生多条须根。地上茎通常数条丛生，稀单一，直立或斜升，平滑无毛。基生叶叶片宽心形、卵状心形或肾形，长1.5~3厘米(包括垂片)，宽1.5~3.5厘米，先端圆或微尖，基部宽心形，两侧垂片平展，边缘具向内弯的浅波状圆齿，两面近无毛；茎生叶少，疏列，与基生叶相似，但基部的弯缺较深，幼叶的垂片常卷折；叶柄长1.5~7厘米，基生叶之柄较长具翅，茎生叶之柄较短具极狭的翅；基生叶的托叶褐色，下部与叶柄合生，上部离生呈狭披针形，长5~10毫米，先端渐尖，边缘疏生细齿，茎生叶的托叶离生，绿色，卵状披针形或匙形，长6~12毫米，通常全缘，稀具细齿。花小，白色或淡紫色，生于茎生叶的叶腋，具细弱的花梗；花梗远长于叶片，中部以上有2枚近于对生的线形小苞片；萼片卵状披针形，长4~5毫米，先端尖，基部附属物短，末端平截具浅齿，边缘狭膜质；上方花瓣长倒卵形，长约9毫米，宽约2毫米，侧方花瓣长圆状倒卵形，长约1厘米，宽约2.5毫米，上部较宽，下部变狭，里面基部有短须毛，下方花瓣连距长约1厘米，先端微凹，下部有深紫色条纹；距呈浅囊状，长1.5~2毫米；雄蕊的花药长约1.7毫米，药隔顶端附属物长约1.5毫米，下方雄蕊的背部具短距；距呈三角形，长约1毫米，粗约1.5毫米，末端钝圆；子房无毛，花柱棍棒状，基部细且明显向前膝曲，向上渐增粗，柱头2裂，裂片稍肥厚而直立，中央部分稍隆起，前方位于2裂片间的基部有斜升的短喙，喙端具圆形的柱头孔。蒴果长圆形或椭圆形，长约8毫米，先端尖，无毛。种子卵球形，淡黄色，长约1.5毫米，直径约1毫米，基部具狭翅状附属物。花果期5~10月。

产于吉林、辽宁、河北、陕西、甘肃、江苏、安徽、浙江、江西、福建、台湾、河南、湖北、湖南、广东、广西、四川、贵州、云南。

【药用价值】全草：清热解毒，用于疥疮、肿毒。

七星莲　堇菜科　堇菜属　*Viola diffusa* Ging.

【形态与分布】一年生草本，全体被糙毛或白色柔毛，花期生出地上匍匐枝。匍匐枝先端具莲座状叶丛。根状茎短，具多条白色细根及纤维状根。基生叶多数，丛生呈莲座状；叶片卵形或卵状长圆形，基部宽楔形或截形，稀浅心形，明显下延于叶柄，边缘具钝齿及缘毛，幼叶两面密被白色柔毛，后渐变稀疏，但叶脉上及两侧边缘仍被较密的毛；叶柄长2~4.5厘米，具明显的翅，通常有毛；托叶基部与叶柄合生，2/3离生，线状披针形，长4~12毫米，先端渐尖，边缘具稀疏的细齿或疏生流苏状齿。花较小，淡紫色或浅黄色，具长梗，生于基生叶或匍匐枝叶丛的叶腋间；花梗纤细，长1.5~8.5厘米，无毛或被疏柔毛，中部有1对线形苞片；萼片披针形，长4~5.5毫米，先端尖，基部附属物短，末端圆或具稀疏细齿，边缘疏生睫毛；侧方花瓣倒卵形或长圆状倒卵形，长6~8毫米，无须毛，下方花瓣连距长约6毫米，较其他花瓣显著短；距极短，长仅1.5毫米，稍露出萼片附属物之外；下方2枚雄蕊，背部的距短而宽，呈三角形；子房无毛，花柱棍棒状，基部稍膝曲，上部渐增粗，柱头两侧及后方具肥厚的缘边，中央部分稍隆起，前方具短喙。蒴果长圆形，直径约3毫米，长约1厘米，无毛，顶端常具宿存的花柱。花期3~5月，果期5~8月。

产于浙江、台湾、四川、云南、西藏等地。

【药用价值】清热解毒，用于消肿、排脓。

长萼堇菜 堇菜科 堇菜属 *Viola inconspicua* Blume

【形态与分布】多年生草本，无地上茎。根状茎垂直或斜生，较粗壮，长1~2厘米，粗2~8毫米，节密生，通常被残留的褐色托叶所包被。叶均基生，呈莲座状；叶片三角形、三角状卵形或戟形，长1.5~7厘米，宽1~3.5厘米，最宽处在叶的基部，中部向上渐变狭，先端渐尖或尖，基部宽心形，弯缺呈宽半圆形，两侧垂片发达，通常平展，稍下延于叶柄成狭翅，边缘具圆锯齿，两面通常无毛，少有在下面的叶脉及近基部的叶缘上有短毛，上面密生乳头状小白点，但在较老的叶上则变成暗绿色；叶柄无毛，长2~7厘米；托叶3/4与叶柄合生，分离部分披针形，长3~5毫米，先端渐尖，边缘疏生流苏状短齿，稀全缘，通常有褐色锈点。花淡紫色，有暗色条纹；花梗细弱，通常与叶片等长或稍高出于叶，无毛或上部被柔毛，中部稍上处有2枚线形小苞片；萼片卵状披针形或披针形，长4~7毫米，顶端渐尖，基部附属物伸长，长2~3毫米，末端具缺刻状浅齿，具狭膜质缘，无毛或具纤毛；花瓣长圆状倒卵形，长7~9毫米，侧方花瓣里面基部有须毛，下方花瓣连距长10~12毫米；距管状，长2.5~3毫米，直，末端钝；下方雄蕊背部的距角状，长约2.5毫米，顶端尖，基部宽；子房球形，无毛，花柱棍棒状，长约2毫米，基部稍膝曲，顶端平，两侧具较宽的缘边，前方具明显的短喙，喙端具向上开口的柱头孔。蒴果长圆形，长8~10毫米，无毛。种子卵球形，长1~1.5毫米，直径0.8毫米，深绿色。花果期3~11月。

产于陕西、甘肃（南部）、江苏、安徽、浙江、江西、福建、台湾、湖北、湖南、广东、海南、广西、四川、贵州、云南。

【药用价值】清热解毒。

木芙蓉 锦葵科 木槿属 *Hibiscus mutabilis* L.

【形态与分布】落叶灌木或小乔木，小枝、叶柄、花梗和花萼均密被星状毛与直毛相混的细绵毛。叶宽卵形至圆卵形或心形，裂片三角形，先端渐尖，具钝圆锯齿，上面疏被星状细毛和点，下面密被星状细绒毛；主脉7~11条；托叶披针形，常早落。花单生于枝端叶腋间，花梗近端具节；小苞片8，线形，密被星状绵毛，基部合生；萼钟形，裂片5，卵形，渐尖头；花初开时白色或淡红色，后变深红色，花瓣近圆形，外面被毛，基部具髯毛；雄蕊柱无毛；花柱枝5，疏被毛。蒴果扁球形，被淡黄色刚毛和绵毛，种子肾形，背面被长柔毛。花期8~10月。

产于辽宁、河北、山东、陕西、安徽、江苏、浙江、江西、福建、台湾、广东、广西、湖南、湖北、四川、贵州、云南等地。

【药用价值】花：清热解毒、消肿排脓、凉血止血，用于肺热咳嗽、月经过多、白带；外用治痈肿疮疖、乳腺炎、淋巴结炎、腮腺炎、烧烫伤、毒蛇咬伤、跌打损伤。

木 槿 锦葵科 木槿属 *Hibiscus syriacus* L.

【形态与分布】落叶灌木，高3~4米，小枝密被黄色星状绒毛。叶菱形至三角状卵形，长3~10厘米，宽2~4厘米，具深浅不同的3裂或不裂，先端钝，基部楔形，边缘具不整齐齿缺，下面沿叶脉微被毛或近无毛；叶柄长5~25毫米，上面被星状柔毛；托叶线形，长约6毫米，疏被柔毛。花单生于枝端叶腋间，花梗长4~14毫米，被星状短绒毛；小苞片6~8，线形，长6~15毫米，宽1~2毫米，密被星状疏绒毛；花萼钟形，长14~20毫米，密被星状短绒毛，裂片5，三角形；花钟形，淡紫色，直径5~6厘米，花瓣倒卵形，长3.5~4.5厘米，外面疏被纤毛和星状长柔毛；雄蕊柱长约3厘米；花柱枝无毛。蒴果卵圆形，直径约12毫米，密被黄色星状绒毛；种子肾形，背部被黄白色长柔毛。花期7~10月。

产于台湾、福建、广东、广西、云南、贵州、四川、湖南、湖北、安徽、江西、浙江、江苏、山东、河北、河南、陕西等地。

【药用价值】用于皮肤癣疮。

苘　麻 锦葵科 苘麻属 *Abutilon theophrasti* Medicus

【形态与分布】一年生亚灌木状草本，高达1~2米，茎枝被柔毛。叶互生，圆心形，长5~10厘米，先端长渐尖，基部心形，边缘具细圆锯齿，两面均密被星状柔毛；叶柄长3~12厘米，被星状细柔毛；托叶早落。花单生于叶腋，花梗长1~13厘米，被柔毛，近顶端具节；花萼杯状，密被短绒毛，裂片5，卵形，长约6毫米；花黄色，花瓣倒卵形，长约1厘米；雄蕊柱平滑无毛，心皮15~20，长1~1.5厘米，顶端平截，具扩展、被毛的长芒2，排列成轮状，密被软毛。蒴果半球形，直径约2厘米，长约1.2厘米，被粗毛，顶端具长芒2；种子肾形，褐色，被星状柔毛。花期7~8月。

产于全国各地(除青藏高原地区)。

【药用价值】种子：利尿、通乳汁、消乳腺炎。

黄蜀葵 锦葵科 秋葵属 *Abelmoschus manihot* (L.) Medicus

【形态与分布】一年生或多年生草本，高1~2米，疏被长硬毛。叶掌状5~9深裂，直径15~30厘米，裂片长圆状披针形，长8~18厘米，宽1~6厘米，具粗钝锯齿，两面疏被长硬毛；叶柄长6~18厘米，疏被长硬毛；托叶披针形，长1.1~15厘米。花单生于枝端叶腋；小苞片4~5，卵状披针形，长15~25毫米，宽4~5毫米，疏被长硬毛；萼佛焰苞状，5裂，近全缘，较长于小苞片，被柔毛，果时脱落；花大，淡黄色，内面基部紫色，直径约12厘米；雄蕊柱长1.5~2厘米，花药近无柄；柱头紫黑色，匙状盘形。蒴果卵状椭圆形，长4~5厘米，直径2.5~3厘米，被硬毛；种子多数，肾形，被柔毛组成的条纹多条。花期8~10月。

产于河北、山东、河南、陕西、湖北、湖南、四川、贵州、云南、广西、广东、福建等地。

【药用价值】用于咽喉肿痛、小便淋涩、糖尿病预防、癌症预防。

凹叶景天　景天科 景天属　*Sedum emarginatum* Migo

【形态与分布】多年生草本。茎细弱，高10~15厘米。叶对生，匙状倒卵形至宽卵形，长1~2厘米，宽5~10毫米，先端圆，有微缺，基部渐狭，有短距。花序聚伞状，顶生，宽3~6毫米，有多花，常有3个分枝；花无梗；萼片5，披针形至狭长圆形，长2~5毫米，宽0.7~2毫米，先端钝；基部有短距；花瓣5，黄色，线状披针形至披针形，长6~8毫米，宽1.5~2毫米；鳞片5，长圆形，长0.6毫米，钝圆，心皮5，长圆形，长4~5毫米，基部合生。蓇葖略叉开，腹面有浅囊状隆起；种子细小，褐色。花期5~6月，果期6月。

产于云南、四川、湖北、湖南、江西、安徽、浙江、江苏、甘肃、陕西。

【药用价值】全草：清热解毒、散瘀消肿，用于跌打损伤、热疖、疮毒。

垂盆草 景天科 景天属 *Sedum sarmentosum* Bunge

【形态与分布】多年生草本。不育枝及花茎细，匍匐而节上生根，直到花序之下，长10~25厘米。3叶轮生，叶倒披针形至长圆形，长15~28毫米，宽3~7毫米，先端近急尖，基部急狭，有距。聚伞花序，有3~5分枝，花少，宽5~6厘米；花无梗；萼片5，披针形至长圆形，长3.5~5毫米，先端钝，基部无距；花瓣5，黄色，披针形至长圆形，长5~8毫米，先端有稍长的短尖；雄蕊10，较花瓣短；鳞片10，楔状四方形，长0.5毫米，先端稍有微缺；心皮5，长圆形，长5~6毫米，略叉开，有长花柱。种子卵形，长0.5毫米。花期5~7月，果期8月。

产于福建、贵州、四川、湖北、湖南、江西、安徽、浙江、江苏、甘肃、陕西、河南、山东、山西、河北、辽宁、吉林、北京。

【药用价值】全草：清热利湿、解毒消肿，用于黄疸、淋病、泻痢、肺痈、肠痈、疮疖肿毒、蛇虫咬伤、水火烫伤、咽喉肿痛、口腔溃疡、带状疱疹。

珠芽景天 景天科 景天属 *Sedum bulbiferum* Makino

【形态与分布】多年生草本。根须状。茎高7~22厘米，茎下部常横卧。叶腋常有圆球形、肉质、小形珠芽着生。基部叶常对生，上部的互生，下部叶卵状匙形，上部叶匙状倒披针形，长10~15毫米，宽2~4毫米，先端钝，基部渐狭。花序聚伞状，分枝3，常再二歧分枝；萼片5，披针形至倒披针形，长3~4毫米，宽达1毫米，有短距，先端钝；花瓣5，黄色，披针形，长4~5毫米，宽1.25毫米，先端有短尖；雄蕊10，长3毫米；心皮5，略叉开，基部1毫米合生，全长4毫米，连花柱长1毫米在内。花期4~5月。

产于广西、广东、福建、四川、湖北、湖南、江西、安徽、浙江、江苏。

【药用价值】全草：消炎解毒、散寒理气。用于疟疾、食积、腹痛。

半边莲 桔梗科 半边莲属 *Lobelia chinensis* Lour.

【形态与分布】多年生草本。茎细弱，匍匐，节上生根，分枝直立，高6~15厘米，无毛。叶互生，无柄或近无柄，椭圆状披针形至条形，长8~25厘米，宽2~6厘米，先端急尖，基部圆形至阔楔形，全缘或顶部有明显的锯齿，无毛。花通常1朵，生分枝的上部叶腋；花梗细，长1.2~2.5厘米，基部有长约1毫米的小苞片2枚、1枚或者没有，小苞片无毛；花萼筒倒长锥状，基部渐细而与花梗无明显区分，长3~5毫米，无毛，裂片披针形，约与萼筒等长，全缘或下部有1对小齿；花冠粉红色或白色，长10~15毫米，背面裂至基部，喉部以下生白色柔毛，裂片全部平展于下方，呈一个平面，2侧裂片披针形，较长，中间3枚裂片椭圆状披针形，较短；雄蕊长约8毫米，花丝中部以上连合，花丝筒无毛，未连合部分的花丝侧面生柔毛，花药管长约2毫米，背部无毛或疏生柔毛。蒴果倒锥状，长约6毫米。种子椭圆状，稍扁压，近肉色。花果期5~10月。

产于长江中、下游及以南各省区。

【药用价值】全草：清热解毒、利尿消肿。用于毒蛇咬伤、肝硬化腹水、晚期血吸虫病腹水、阑尾炎。

小蓬草　菊科　白酒草属　*Conyza canadensis* (L.) Cronq.

【形态与分布】一年生草本，根纺锤状，具纤维状根。茎直立，高50~100厘米或更高，圆柱状，多少具棱，有条纹，被疏长硬毛，上部多分枝。叶密集，基部叶花期常枯萎，下部叶倒披针形，长6~10厘米，宽1~1.5厘米，顶端尖或渐尖，基部渐狭成柄，边缘具疏锯齿或全缘，中部和上部叶较小，线状披针形或线形，近无柄或无柄，全缘或少有具1~2个齿，两面或仅上面被疏短毛，边缘常被上弯的硬缘毛。头状花序多数，小，径3~4毫米，排列成顶生多分枝的大圆锥花序；花序梗细，长5~10毫米，总苞近圆柱状，长2.5~4毫米；总苞片2~3层，淡绿色，线状披针形或线形，顶端渐尖，外层约短于内层之半背面被疏毛，内层长3~3.5毫米，宽约0.3毫米，边缘干膜质，无毛；花托平，径2~2.5毫米，具不明显的突起；雌花多数，舌状，白色，长2.5~3.5毫米，舌片小，稍超出花盘，线形，顶端具2个钝小齿；两性花淡黄色，花冠管状，长2.5~3毫米，上端具4或5个齿裂，管部上部被疏微毛；瘦果线状披针形，长1.2~1.5毫米，稍扁压，被贴微毛；冠毛污白色，1层，糙毛状，长2.5~3毫米。花期5~9月。

产于我国南北各省区。

【药用价值】全草：消炎止血、祛风湿，用于血尿、水肿、肝炎、胆囊炎、小儿头疮、痢疾、腹泻、创伤。

春飞蓬 菊科 飞蓬属 *Erigeron philadelphicus* L.

【形态与分布】一年生或多年生草本。叶互生，基生叶莲座状，卵形或卵状倒披针形，顶端急尖或钝，基部楔形下延成具翅长柄，叶柄基部常带紫红色，两面被倒伏的硬毛，叶缘具粗齿，花期不枯萎，匙形，茎生叶半抱茎；披针形或条状线形，顶端尖，基部渐狭无柄，边缘有疏齿，被硬毛。头状花序数枚，排成伞房或圆锥状花序；总苞半球形，总苞片3层，草质，披针形，淡绿色，边缘半透明，中脉褐色，背面被毛；舌状花2层，雌性，舌片线形，长约6毫米，平展，蕾期下垂或倾斜，花期仍斜举，舌状花白色略带粉红色，管状花两性，黄色。瘦果披针形，压扁，被疏柔毛；雌花瘦果冠毛1层，极短而连接成环状膜质小冠；两性花瘦果冠毛2层，外层鳞片状，内层糙毛状，10~15条。

产于全国各地。

一年蓬　菊科　飞蓬属　*Erigeron annuus* (L.) Pers.

【形态与分布】一年生或二年生草本，茎粗壮，直立，上部有分枝，绿色，下部被开展的长硬毛，上部被较密的上弯的短硬毛。基部叶花期枯萎，长圆形或宽卵形，少有近圆形，或更宽，顶端尖或钝，基部狭成具翅的长柄，边缘具粗齿，下部叶与基部叶同形，但叶柄较短，中部和上部叶较小，长圆状披针形或披针形，顶端尖，具短柄或无柄，边缘有不规则的齿或近全缘，最上部叶线形，全部叶边缘被短硬毛，两面被疏短硬毛，或有时近无毛。头状花序数个或多数，排列成疏圆锥花序，总苞半球形，总苞片3层，草质，披针形，近等长或外层稍短，淡绿色或多少褐色，背面密被腺毛和疏长节毛；外围的雌花舌状，上部被疏微毛，舌片平展，白色，或有时淡天蓝色，线形，顶端具2小齿，花柱分枝线形；中央的两性花管状，黄色，管部长约0.5毫米，檐部近倒锥形，裂片无毛；瘦果披针形，扁压，被疏贴柔毛；冠毛异形，雌花的冠毛极短，膜片状连成小冠，两性花的冠毛2层，外层鳞片状，内层为10~15条长约2毫米的刚毛。花期6~9月。

产于吉林、河北、河南、山东、江苏、安徽、西藏等地。

【药用价值】消食止泻，清热解毒，截疟。

瓜叶菊

菊科 瓜叶菊属 *Pericallis hybrida* B. Nord.

【形态与分布】多年生草本。茎直立，高30~70厘米，被密白色长柔毛。叶具柄；叶片大，肾形至宽心形，有时上部叶三角状心形，长10~15厘米，宽10~20厘米，顶端急尖或渐尖，基部深心形，边缘不规则三角状浅裂或具钝锯齿，上面绿色，下面灰白色，被密绒毛；叶脉掌状，在上面下凹，下面凸起；叶柄长4~10厘米，基部扩大，抱茎；上部叶较小，近无柄。头状花序直径3~5厘米，多数，在茎端排列成宽伞房状；花序梗粗，长3~6厘米；总苞钟状，长5~10毫米，宽7~15毫米；总苞片1层，披针形，顶端渐尖。小花紫红色，淡蓝色，粉红色或近白色；舌片开展，长椭圆形，长2.5~3.5厘米，宽1~1.5厘米，顶端具3小齿；管状花黄色，长约6毫米。瘦果长圆形，长约1.5毫米，具棱，初时被毛，后变无毛。冠毛白色，长4~5毫米。花果期3~7月。

产于全国各地。

鬼针草　菊科 鬼针草属　*Bidens pilosa* L.

【形态与分布】一年生草本，茎直立，钝四棱形，无毛或上部被极稀疏的柔毛，基部直径可达6毫米。茎下部叶较小，3裂或不分裂，通常在开花前枯萎，中部叶具长1.5~5厘米无翅的柄，三出，小叶3枚，很少为具5（~7）小叶的羽状复叶，两侧小叶椭圆形或卵状椭圆形，先端锐尖，基部近圆形或阔楔形，有时偏斜，不对称，具短柄，边缘有锯齿、顶生小叶较大，长椭圆形或卵状长圆形，先端渐尖，基部渐狭或近圆形，具长1~2厘米的柄，边缘有锯齿，无毛或被极稀疏的短柔毛，上部叶小，3裂或不分裂，条状披针形。头状花序，有长1~6厘米（果时长3~10厘米）的花序梗。总苞基部被短柔毛，苞片7~8枚，条状匙形，上部稍宽，开花时长3~4毫米，果时长至5毫米，草质，边缘疏被短柔毛或几无毛，外层托片披针形，果时长5~6毫米，干膜质，背面褐色，具黄色边缘，内层较狭，条状披针形。无舌状花，盘花筒状，长约4.5毫米，冠檐5齿裂。瘦果黑色，条形，略扁，具棱，长7~13毫米，宽约1毫米，上部具稀疏瘤状突起及刚毛，顶端芒刺3~4枚，具倒刺毛。

产于华东、华中、华南、西南等地。

【药用价值】全草：清热解毒、散瘀活血，用于呼吸道感染、咽喉肿痛、急性阑尾炎、急性黄疸型肝炎、胃肠炎、风湿关节疼痛、疟疾、毒蛇咬伤、跌打肿痛。

旋覆花

菊科 旋覆花属 *Inula japonica* Thunb.

【形态与分布】多年生草本。根状茎短，横走或斜升，有多少粗壮的须根。茎单生，有时2~3个簇生，直立，高30~70厘米，有时基部具不定根，基部径3~10毫米，有细沟，被长伏毛，或下部有时脱毛，上部有上升或开展的分枝，全部有叶；节间长2~4厘米。基部叶常较小，在花期枯萎；中部叶长圆形，长圆状披针形或披针形，长4~13厘米，宽1.5~3.5厘米，稀4厘米，基部多少狭窄，常有圆形半抱茎的小耳，无柄，顶端稍尖或渐尖，边缘有小尖头状疏齿或全缘，上面有疏毛或近无毛，下面有疏伏毛和腺点；中脉和侧脉有较密的长毛；上部叶渐狭小，线状披针形。头状花序径3~4厘米，多数或少数排列成疏散的伞房花序；花序梗细长。总苞半球形，径13~17毫米，长7~8毫米；总苞片约6层，线状披针形，近等长，但最外层常叶质而较长；外层基部革质，上部叶质，背面有伏毛或近无毛，有缘毛；内层除绿色中脉外干膜质，渐尖，有腺点和缘毛。舌状花黄色，较总苞长2~2.5倍；舌片线形，长10~13毫米；管状花花冠长约5毫米，有三角披针形裂片；冠毛1层，白色有20余个微糙毛，与管状花近等长。瘦果长1~1.2毫米，圆柱形，有10条沟，顶端截形，被疏短毛。花期6~10月，果期9~11月。

广产于我国北部、东北部、中部、东部各省，四川、贵州、福建、广东也可见。

【药用价值】根及叶：用于刀伤、疔毒，煎服可平喘镇咳。花：用于胸中丕闷、胃部膨胀、嗳气、咳嗽、呕逆等。

艾 菊科 蒿属 *Artemisia argyi* Levl. et Van.

【形态与分布】多年生草本或略成半灌木状植物。主根明显，侧根多。茎单生或少数，有明显纵棱，褐色或灰黄褐色，基部稍木质化；茎、枝均被灰色蛛丝状柔毛。叶厚纸质，上面被灰白色短柔毛，并有白色腺点与小凹点，背面密被灰白色蛛丝状密绒毛；基生叶具长柄，花期萎谢；茎下部叶近圆形或宽卵形，羽状深裂，每侧具裂片2~3枚，裂片椭圆形，每裂片有2~3枚小裂齿，干后背面主、侧脉多为深褐色或锈色；中部叶卵形或近菱形，一（至二）回羽状深裂至半裂，每侧裂片2~3枚，裂片卵形、卵状披针形或披针形，不再分裂或每侧有1~2枚缺齿，叶基部宽楔形渐狭成短柄，叶脉明显，在背面凸起，干时锈色，基部通常无假托叶或极小的假托叶；上部叶与苞片叶羽状半裂、浅裂或3深裂或不分裂。头状花序椭圆形，无梗或近无梗，每数枚至10余枚在分枝上排成小型的穗状花序或复穗状花序，并在茎上通常再组成狭窄、尖塔形的圆锥花序，花后头状花序下倾；总苞片3~4层，覆瓦状排列，外层总苞片小，草质，卵形或狭卵形，背面密被灰白色蛛丝状绵毛，边缘膜质，中层总苞片较外层长，长卵形，背面被蛛丝状绵毛，内层总苞片质薄，背面近无毛；花序托小；雌花6~10朵，花冠狭管状，檐部具2裂齿，紫色，花柱细长，伸出花冠外甚长，先端2叉；两性花8~12朵，花冠管状或高脚杯状，外面有腺点，檐部紫色，花药狭线形，先端附属物尖，长三角形，基部有不明显的小尖头，花柱与花冠近等长或略长于花冠，先端2叉，花后向外弯曲，叉端截形，并有睫毛。瘦果长卵形或长圆形。花果期7~10月。

产于全国各地。

【药用价值】全草：温经、去湿、散寒、止血、消炎、平喘、止咳、安胎、抗过敏。

黄花蒿 菊科 蒿属 *Artemisia annua* L.

【形态与分布】一年生草本；植株有浓烈的挥发性香气。根单生，垂直，狭纺锤形；茎单生，高100~200厘米，基部直径可达1厘米，有纵棱，幼时绿色，后变褐色或红褐色，多分枝；茎、枝、叶两面及总苞片背面无毛或初时背面微有极稀疏短柔毛，后脱落无毛。叶纸质，绿色；茎下部叶宽卵形或三角状卵形，长3~7厘米，宽2~6厘米，绿色，两面具细小脱落性的白色腺点及细小凹点，三（至四）回栉齿状羽状深裂，每侧有裂片5~8（10）枚，裂片长椭圆状卵形，再次分裂，小裂片边缘具多枚栉齿状三角形或长三角形的深裂齿，裂齿长1~2毫米，宽0.5~1毫米，中肋明显，在叶面上稍隆起，中轴两侧有狭翅而无小栉齿，稀上部有数枚小栉齿，叶柄长1~2厘米，基部有半抱茎的假托叶；中部叶二（至三）回栉齿状的羽状深裂，小裂片栉齿状三角形。稀少为细短狭线形，具短柄；上部叶与苞片叶一（至二）回栉齿状羽状深裂，近无柄。头状花序球形，多数，直径1.5~2.5毫米，有短梗，下垂或倾斜，基部有线形的小苞叶，在分枝上排成总状或复总状花序，并在茎上组成开展、尖塔形的圆锥花序；总苞片3~4层，内、外层近等长，外层总苞片长卵形或狭长椭圆形，中肋绿色，边膜质，中层、内层总苞片宽卵形或卵形，花序托凸起，半球形；花深黄色，雌花10~18朵，花冠狭管状，檐部具2（~3）裂齿，外面有腺点，花柱线形，伸出花冠外，先端2叉，叉端钝尖；两性花10~30朵，结实或中央少数花不结实，花冠管状，花药线形，上端附属物尖，长三角形，基部具短尖头，花柱近与花冠等长，先端2叉，叉端截形，有短睫毛。瘦果小，椭圆状卵形，略扁。花果期8~11月。

分布于全国。

【药用价值】全草：清热、解暑、截疟、凉血、利尿、健胃、止盗汗。

野艾蒿 菊科 蒿属 *Artemisia lavandulaefolia* DC.

【形态与分布】多年生草本，有时为半灌木状，植株有香气。主根稍明显，侧根多；根状茎稍粗，直径4~6毫米，常匍地，有细而短的营养枝。茎少数，成小丛，稀少单生，高50~120厘米，具纵棱，分枝多，长5~10厘米，斜向上伸展；茎、枝被灰白色蛛丝状短柔毛。叶纸质，上面绿色，具密集白色腺点及小凹点，初时疏被灰白色蛛丝状柔毛，后毛稀疏或近无毛，背面除中脉外密被灰白色密绵毛；基生叶与茎下部叶宽卵形或近圆形，长8~13厘米，宽7~8厘米，二回羽状全裂或第一回全裂，第二回深裂，具长柄，花期叶萎谢；中部叶卵形、长圆形或近圆形，长6~8厘米，宽5~7厘米，二回羽状全裂或第二回为深裂，每侧有裂片2~3枚，裂片椭圆形或长卵形，长3~5厘米，宽5~7毫米，每裂片具2~3枚线状披针形或披针形的小裂片或深裂齿，长3~7毫米，宽2~3毫米，先端尖，边缘反卷，叶柄长1~2厘米，基部有小型羽状分裂的假托叶；上部叶羽状全裂，具短柄或近无柄；苞片叶3全裂或不分裂，裂片或不分裂的苞片叶为线状披针形或披针形，先端尖，边反卷。头状花序极多数，椭圆形或长圆形，直径2~2.5毫米，有短梗或近无梗，具小苞叶，在分枝的上半部排成密穗状或复穗状花序，并在茎上组成狭长或中等开展，稀为开展的圆锥花序，花后头状花序多下倾；总苞片3~4层，外层总苞片略小，卵形或狭卵形，背面密被灰白色或灰黄色蛛丝状柔毛，边缘狭膜质，中层总苞片长卵形，背面疏被蛛丝状柔毛，边缘宽膜质，内层总苞片长圆形或椭圆形，半膜质，背面近无毛，花序托小，凸起；雌花4~9朵，花冠狭管状，檐部具2裂齿，紫红色，花柱线形，伸出花冠外，先端2叉，叉端尖；两性花10~20朵，花冠管状，檐部紫红色；花药线形，先端附属物尖，长三角形，基部具短尖头，花柱与花冠等长或略长于花冠，先端2叉，叉端扁，扇形。瘦果长卵形或倒卵形。花果期8~10月。

产于黑龙江、吉林、辽宁、内蒙古、河北、山西、陕西、甘肃、山东、江苏、安徽、江西、河南、湖北、湖南、广东、广西、四川、贵州、云南等地。

【药用价值】全草：散寒、祛湿、温经、止血。

黄鹌菜

菊科 黄鹌菜属 *Youngia japonica* (L.) DC.

【形态与分布】一年生草本，根垂直直伸，生多数须根。茎直立，单生或少数茎成簇生，粗壮或细，顶端伞房花序状分枝或下部有长分枝，下部被稀疏的皱波状长或短毛。基生叶全形倒披针形、椭圆形、长椭圆形或宽线形，大头羽状深裂或全裂，极少有不裂的，叶柄有狭或宽翼或无翼，顶裂片卵形、倒卵形或卵状披针形，顶端圆形或急尖，边缘有锯齿或几全缘，侧裂片3~7对，椭圆形，向下渐小，最下方的侧裂片耳状，全部侧裂片边缘有锯齿或细锯齿或边缘有小尖头，极少边缘全缘；无茎叶或极少有1~2枚茎生叶，且与基生叶同形并等样分裂；全部叶及叶柄被皱波状长或短柔毛。头花序含10~20枚舌状小花，少数或多数在茎枝顶端排成伞房花序，花序梗细。总苞圆柱状，总苞片4层，外层及最外层极短，宽卵形或宽形，顶端急尖，内层及最内层长，披针形，顶端急尖，边缘白色宽膜质，内面有贴伏的短糙毛；全部总苞片外面无毛。舌状小花黄色，花冠管外面有短柔毛。瘦果纺锤形，压扁，褐色或红褐色，向顶端有收缢，顶端无喙，有11~13条粗细不等的纵肋，肋上有小刺毛。冠毛糙毛状。花果期4~10月。

产于北京、陕西、甘肃、山东、江苏、安徽、浙江、江西、福建、河南、湖北、湖南、广东、广西、四川、云南、西藏等地。

【药用价值】全草：消肿、止痛、治感冒、清热解毒、通结气、利咽喉、抗菌消炎，用于疮疖、乳腺炎、扁桃体炎、尿路感染、白带、结膜炎、风湿性关节炎。

刺儿菜　菊科　蓟属　*Cirsium setosum* (Willd.) MB.

【形态与分布】多年生草本，具匍匐根茎。茎有棱，幼茎被白色蛛丝状毛。基生叶和中部茎叶椭圆形、长椭圆形或椭圆状倒披针形，顶端钝或圆形，基部楔形，有时有极短的叶柄，通常无叶柄，上部茎叶渐小，椭圆形或披针形或线状披针形，或全部茎叶不分裂，叶缘有细密的针刺，针刺紧贴叶缘，或叶缘有刺齿，齿顶针刺大小不等，针刺长达3.5毫米，或大部茎叶羽状浅裂或半裂或边缘粗大圆锯齿，裂片或锯齿斜三角形，顶端钝，齿顶及裂片顶端有较长的针刺，齿缘及裂片边缘的针刺较短且贴伏。全部茎叶两面同色，绿色或下面色淡，两面无毛，极少两面异色，上面绿色，无毛，下面被稀疏或稠密的绒毛而呈现灰色，亦极少两面同色，灰绿色，两面被薄绒毛。头状花序单生茎端，或植株含少数或多数头状花序在茎枝顶端排成伞房花序。总苞卵形、长卵形或卵圆形；总苞片约6层，覆瓦状排列，向内层渐长，外层与中层宽1.5~2毫米，包括顶端针刺长5~8毫米；内层及最内层长椭圆形至线形，长1.1~2厘米，宽1~1.8毫米；中外层苞片顶端有长不足0.5毫米的短针刺，内层及最内层渐尖，膜质，短针刺。小花紫红色或白色。瘦果淡黄色，椭圆形或偏斜椭圆形，压扁，长3毫米，宽1.5毫米，顶端斜截形。冠毛污白色，多层，整体脱落；冠毛刚毛长羽毛状，长3.5厘米，顶端渐细。花果期5~9月。

产于除西藏、云南、广东、广西外的全国各地。

【药用价值】全草：凉血止血、祛瘀消肿，用于衄血、吐血、尿血、便血、崩漏下血、外伤出血、痈肿疮毒。

金盏花　菊科 金盏花属　*Calendula officinalis* L.

【形态与分布】一年生草本，高20~75厘米，通常自茎基部分枝，绿色或多少被腺状柔毛。基生叶长圆状倒卵形或匙形，长15~20厘米，全缘或具疏细齿，具柄，茎生叶长圆状披针形或长圆状倒卵形，无柄，长5~15厘米，宽1~3厘米，顶端钝，稀急尖，边缘波状具不明显的细齿，基部多少抱茎。头状花序单生茎枝端，直径4~5厘米，总苞片1~2层，披针形或长圆状披针形，外层稍长于内层，顶端渐尖，小花黄或橙黄色，长于总苞的2倍，舌片宽达4~5毫米；管状花檐部具三角状披针形裂片，瘦果全部弯曲，淡黄色或淡褐色，外层的瘦果大半内弯，外面常具小针刺，顶端具喙，两侧具翅，脊部具规则的横折皱。花期4~9月，果期6~10月。

产于全国各地，主要供观赏用。

【药用价值】镇痉挛、促消化、促进血液循环。可缓和酒精中毒、益补肝。

菊 花　菊科 菊属　*Dendranthema morifolium* (Ramat.) Tzvel.

【形态与分布】多年生草本，高60~150厘米。茎直立，分枝或不分枝，被柔毛。叶卵形至披针形，长5~15厘米，羽状浅裂或半裂，有短柄，叶下面被白色短柔毛。头状花序直径2.5~20厘米，大小不一。总苞片多层，外层外面被柔毛。舌状花颜色各种。管状花黄色。

产于全国各地。

【药用价值】花：散风清热、明目平肝。

苦苣菜　菊科 苦苣菜属　*Sonchus oleraceus* L.

【形态与分布】一年生或二年生草本。根圆锥状，垂直直伸，有多数纤维状的须根。茎直立，单生，不分枝或上部有短的伞房花序状或总状花序式分枝，全部茎枝光滑无毛，全部基生叶基部渐狭成长或短翼柄；顶裂片与侧裂片等大、较大或大，椭圆形，常下弯，全部裂片顶端急尖或渐尖，下部茎叶或接花序分枝下方的叶与中下部茎叶同型并等样分裂或不分裂而披针形或线状披针形，且顶端长渐尖，下部宽大，基部半抱茎；全部叶或裂片边缘及抱茎小耳边缘有大小不等的急尖锯齿或大锯齿或上部及接花序分枝处的叶，边缘大部全缘或上半部边缘全缘，顶端急尖或渐尖，两面光滑毛，质地薄。头状花序少数在茎枝顶端排紧密的伞房花序或总状花序或单生茎枝顶端。总苞宽钟状，覆瓦状排列，向内层渐长；外层长披针形或长三角形，中内层长披针形至线状披针形，全部总苞片顶端长急尖，外面无毛或外层或中内层上部沿中脉有少数头状具柄的腺毛。舌状小花多数，黄色。瘦果褐色，长椭圆形或长椭圆状倒披针形，压扁，每面各有3条细脉，肋间有横皱纹，顶端狭，无喙，冠毛白色，单毛状，彼此纠缠。花果期5~12月。

产于全国各地。

【药用价值】全草：祛湿、清热解毒。

苦荬菜 菊科 苦荬菜属 *Ixeris polycephala* Cass. ex DC.

【形态与分布】一年生草本。根垂直直伸，多数须根。茎直立，高10~80厘米，基部直径2~4毫米，上部伞房花序状分枝，或自基部多分枝或少分枝，分枝弯曲斜升，全部茎枝无毛。基生叶花期生存，线形或线状披针形，包括叶柄长7~12厘米，宽5~8毫米，顶端急尖，基部渐狭成长或短柄；中下部茎叶披针形或线形，长5~15厘米，宽1.5~2厘米，顶端急尖，基部箭头状半抱茎，向上或最上部的叶渐小，与中下部茎叶同形，基部箭头状半抱茎或长椭圆形，基部收窄，但不成箭头状半抱茎；全部叶两面无毛，边缘全缘，极少下部边缘有稀疏的小尖头。头状花序多数，在茎枝顶端排成伞房状花序，花序梗细。总苞圆柱状，长5~7毫米，果期扩大成卵球形；总苞片3层，外层及最外层极小，卵形，长0.5毫米，宽0.2毫米，顶端急尖，内层卵状披针形，长7毫米，宽2~3毫米，顶端急尖或钝，外面近顶端有鸡冠状突起或无鸡冠状突起。舌状小花黄色，极少白色，10~25枚。瘦果压扁，褐色，长椭圆形，长2.5毫米，宽0.8毫米，无毛，有10条高起的尖翅肋，顶端急尖成长1.5毫米喙，喙细，细丝状。冠毛白色，纤细，微糙，不等长，长达4毫米。花果期3~6月。

产于陕西、江苏、浙江、安徽、江西、湖南、广东、广西、贵州、四川、云南。

【药用价值】全草：清热解毒、去腐化脓、止血生机，用于疔疮、无名肿毒、子宫出血。

鳢 肠

菊科 鳢肠属 *Eclipta prostrata* (L.) L.

【形态与分布】一年生草本。茎直立，斜升或平卧，高达60厘米，通常自基部分枝，被贴生糙毛。叶长圆状披针形或披针形，无柄或有极短的柄，长3~10厘米，宽0.5~2.5厘米，顶端尖或渐尖，边缘有细锯齿或有时仅波状，两面被密硬糙毛。头状花序径6~8毫米，有长2~4厘米的细花序梗；总苞球状钟形，总苞片绿色，草质，5~6个排成2层，长圆形或长圆状披针形，外层较内层稍短，背面及边缘被白色短伏毛；外围的雌花2层，舌状，长2~3毫米，舌片短，顶端2浅裂或全缘，中央的两性花多数，花冠管状，白色，长约1.5毫米，顶端4齿裂；花柱分枝钝，有乳头状突起；花托凸，有披针形或线形的托片。托片中部以上有微毛；瘦果暗褐色，长2.8毫米，雌花的瘦果三棱形，两性花的瘦果扁四棱形，顶端截形，具1~3个细齿，基部稍缩小，边缘具白色的肋，表面有小瘤状突起，无毛。花期6~9月。

产于全国各地。

【药用价值】全草：凉血、止血、消肿。

泥胡菜 菊科 泥胡菜属 *Hemistepta lyrata* (Bunge) Bunge

【形态与分布】一年生草本。茎单生，很少簇生，通常纤细，被稀疏蛛丝毛，上部长分枝，少有不分枝的。基生叶长椭圆形或倒披针形，花期通常枯萎；中下部茎叶与基生叶同形，全部叶大头羽状深裂或几全裂，侧裂片2~6对，通常4~6对，极少为1对，倒卵形、长椭圆形、匙形、倒披针形或披针形，向基部的侧裂片渐小，顶裂片大，长菱形、三角形或卵形，全部裂片边缘三角形锯齿或重锯齿，侧裂片边缘通常稀锯齿，最下部侧裂片通常无锯齿；有时全部茎叶不裂或下部茎叶不裂，边缘有锯齿或无锯齿。全部茎叶质地薄，两面异色，上面绿色，无毛，下面灰白色，被厚或薄绒毛，基生叶及下部茎叶有长叶柄，柄基扩大抱茎，上部茎叶的叶柄渐短，最上部茎叶无柄。头状花序在茎枝顶端排成疏松伞房花序，少有植株仅含一个头状花序而单生茎顶的。总苞宽钟状或半球形，直径1.5~3厘米。总苞片多层，覆瓦状排列，最外层长三角形；外层及中层椭圆形或卵状椭圆形；最内层线状长椭圆形或长椭圆形。全部苞片质地薄，草质，中外层苞片外面上方近顶端有直立的鸡冠状突起的附片，附片紫红色，内层苞片顶端长渐尖，上方染红色，但无鸡冠状突起的附片。小花紫色或红色。冠毛异型，白色，两层，外层冠毛刚毛羽毛状，长1.3厘米，基部连合成环，整体脱落；内层冠毛刚毛极短，鳞片状，3~9个，着生一侧，宿存。花果期3~8月。

产于除新疆、西藏外的全国各地。

【药用价值】全草：清热解毒、消肿散结，用于乳腺炎、疔疮、颈淋巴炎、痈肿、牙痛、牙龈炎。

牛膝菊 菊科 牛膝菊属 *Galinsoga parviflora* Cav.

【形态与分布】一年生草本。茎纤细，基部径不足1毫米，或粗壮，基部径约4毫米，不分枝或自基部分枝，分枝斜升，全部茎枝被疏散或上部稠密的贴伏短柔毛和少量腺毛，茎基部和中部花期脱毛或稀毛。叶对生，卵形或长椭圆状卵形，基部圆形、宽或狭楔形，顶端渐尖或钝，基出三脉或不明显五出脉，在叶下面稍突起，在上面平，有叶柄；向上及花序下部的叶渐小，通常披针形；全部茎叶两面粗涩，被白色稀疏贴伏的短柔毛，沿脉和叶柄上的毛较密，边缘浅或钝锯齿或波状浅锯齿，在花序下部的叶有时全缘或近全缘。头状花序半球形，有长花梗，多数在茎枝顶端排成疏松的伞房花序，花序径约3厘米。总苞半球形或宽钟状；总苞片1~2层，约5个，外层短，内层卵形或卵圆形，顶端圆钝，白色，膜质。舌状花4~5个，舌片白色，顶端3齿裂，筒部细管状，外面被稠密白色短柔毛；管状花花冠，黄色，下部被稠密的白色短柔毛。托片倒披针形或长倒披针形，纸质，顶端3裂或不裂或侧裂。瘦果，三棱或中央的瘦果4~5棱，黑色或黑褐色，常压扁，被白色微毛。舌状花冠毛毛状，脱落；管状花冠毛膜片状，白色，披针形，边缘流苏状，固结于冠毛环上，正体脱落。花果期7~10月。

产于四川、云南、贵州、西藏等地。

【药用价值】全草：止血、消炎，用于外伤出血、扁桃体炎、咽喉炎、急性黄疸型肝炎。

蒲公英 菊科 蒲公英属 *Taraxacum mongolicum* Hand.-Mazz.

【形态与分布】多年生草本。根圆柱状，黑褐色，粗壮。叶倒卵状披针形、倒披针形或长圆状披针形，长4~20厘米，宽1~5厘米，先端钝或急尖，边缘有时具波状齿或羽状深裂，顶端裂片较大，三角形或三角状戟形，全缘或具齿，每侧裂片3~5片，裂片三角形或三角状披针形，通常具齿，平展或倒向，裂片间常夹生小齿，基部渐狭成叶柄，叶柄及主脉常带红紫色，疏被蛛丝状白色柔毛或几无毛。花葶一至数个，与叶等长或稍长，高10~25厘米，上部紫红色，密被蛛丝状白色长柔毛；头状花序直径约30~40毫米；总苞钟状，长12~14毫米，淡绿色；总苞片2~3层，外层总苞片卵状披针形或披针形，长8~10毫米，宽1~2毫米，边缘宽膜质，基部淡绿色，上部紫红色，先端增厚或具小到中等的角状突起；内层总苞片线状披针形，长10~16毫米，宽2~3毫米，先端紫红色，具小角状突起；舌状花黄色，舌片长约8毫米，宽约1.5毫米，边缘花舌片背面具紫红色条纹，花药和柱头暗绿色。瘦果倒卵状披针形，暗褐色，上部具小刺，下部具成行排列的小瘤，顶端逐渐收缩为长约1毫米的圆锥至圆柱形喙基，喙长6~10毫米，纤细；冠毛白色，长约6毫米。花期4~9月，果期5~10月。

产于黑龙江、吉林、辽宁、内蒙古、河北、广东（北部）、四川、贵州、云南等地。

【药用价值】全草：清热解毒、消肿散结。

山莴苣

菊科 山莴苣属 *Lagedium sibiricum* (L.) Sojak

【形态与分布】多年生草本，高50~130厘米。根垂直直伸。茎直立，通常单生，常淡红紫色，上部伞房状或伞房圆锥状花序分枝，全部茎枝光滑无毛。中下部茎叶披针形、长披针形或长椭圆状披针形，长10~26厘米，宽2~3厘米，顶端渐尖、长渐尖或急尖，基部收窄，无柄，心形、心状耳形或箭头状半抱茎，边缘全缘、几全缘、小尖头状微锯齿或小尖头，极少边缘缺刻状或羽状浅裂，向上的叶渐小，与中下部茎叶同形。全部叶两面光滑无毛。头状花序含舌状小花约20枚，多数在茎枝顶端排成伞房花序或伞房圆锥花序，果期长1.1厘米，不为卵形；总苞片3~4层，不成明显的覆瓦状排列，通常淡紫红色，中外层三角形、三角状卵形，长1~4毫米，宽约1毫米，顶端急尖，内层长披针形，长1.1厘米，宽1.5~2毫米，顶端长渐尖，全部苞片外面无毛。舌状小花蓝色或蓝紫色。瘦果长椭圆形或椭圆形，褐色或橄榄色，压扁，长约4毫米，宽约1毫米，中部有4~7条线形或线状椭圆形的不等粗的小肋，顶端短收窄，果颈长约1毫米，边缘加宽加厚成厚翅。冠毛白色，2层，冠毛刚毛纤细，锯齿状，不脱落。花果期7~9月。

产于黑龙江、吉林、辽宁、内蒙古、河北、山西、陕西、甘肃、青海、新疆。

【药用价值】全草：清热解毒、活血祛瘀、健胃，用于阑尾炎、扁桃腺炎、疮疖肿毒、宿食不消、产后瘀血。

鼠麴草 菊科 鼠麴草属 *Gnaphalium affine* D. Don

【形态与分布】一年生或二年生草本，高10~50厘米。茎直立，密被白绵毛，通常自基部分枝。叶互生；下部叶匙形，上部叶匙形至线形，长2~6厘米，宽3~10毫米，先端圆钝具尖头，基部狭窄，抱茎，全缘，无柄，质柔软，两面均有白色绵毛，花后基部叶凋落。头状花序顶生，排列呈伞房状；总苞球状钟形，苞片多列，金黄色，干膜质；花全部管状，黄色，周围数层是雌花，花冠狭窄如线，花柱较花冠为短；中央为两性花，花管细长，先端5齿裂，雄蕊5，柱头2裂。瘦果椭圆形，长约0.5毫米，具乳头状毛，冠毛黄白色。花期4~6月。果期8~9月。

产于华东、华中、华北、西南等地。

【药用价值】用于咳嗽痰多、气喘、感冒风寒、筋骨疼痛、痈疡。

天名精 菊科 天名精属 *Carpesium abrotanoides* L.

【形态与分布】多年生粗壮草本。茎圆柱状，下部木质，近于无毛，上部密被短柔毛，有明显的纵条纹，多分枝。基叶于开花前凋萎，茎下部叶广椭圆形或长椭圆形，先端钝或锐尖，基部楔形，三面深绿色，被短柔毛，老时脱落，几无毛，叶面粗糙，下面淡绿色，密被短柔毛，有细小腺点，边缘具不规整的钝齿，齿端有腺体状胼胝体；叶柄密被短柔毛；叶较密，长椭圆形或椭圆状披针形，先端渐尖或锐尖，基部阔楔形，无柄或具短柄。头状花序多数，生茎端及沿茎、枝生于叶腋，近无梗，成穗状花序式排列，着生于茎端及枝端者具椭圆形或披针形的苞叶2~4枚，腋生头状花序无苞叶或有时具1~2枚甚小的苞叶。总苞钟球形，基部宽，上端稍收缩，成熟时开展成扁球形，苞片3层，外层较短，卵圆形，先端钝或短渐尖，膜质或先端草质，具缘毛，背面被短柔毛，内层长圆形，先端圆钝或具不明显的啮蚀状小齿。雌花狭筒状，两性花筒状向上渐宽，冠檐5齿裂。瘦果。

产于华东、华南、华中、西南等地。

【药用价值】用于咽喉肿痛、扁桃体炎、支气管炎、创伤出血、疔疮肿毒。

万寿菊

菊科 万寿菊属 *Tagetes erecta* L.

【形态与分布】一年生草本，高50~150厘米。茎直立，粗壮，具纵细条棱，分枝向上平展。叶羽状分裂，长5~10厘米，宽4~8厘米，裂片长椭圆形或披针形，边缘具锐锯齿，上部叶裂片的齿端有长细芒；沿叶缘有少数腺体。头状花序单生，径5~8厘米，花序梗顶端棍棒状膨大；总苞长1.8~2厘米，宽1~1.5厘米，杯状，顶端具齿尖；舌状花黄色或暗橙色；长2.9厘米，舌片倒卵形，长1.4厘米，宽1.2厘米，基部收缩成长爪，顶端微弯缺；管状花花冠黄色，长约9毫米，顶端具5齿裂。瘦果线形，基部缩小，黑色或褐色，长8~11毫米，被短微毛；冠毛有1~2个长芒和2~3个短而钝的鳞片。花期7~9月。

产于全国各地。

【药用价值】花：清热解毒、化痰止咳。根：解毒消肿，用于支气管炎、咽喉炎、牙痛、痈疮肿毒。

小苦荬　菊科　小苦荬属　*Ixeridium dentatum* (Thunb.) Tzvel.

【形态与分布】多年生草本，高10~50厘米。根壮茎短缩，生多数等粗的细根。茎直立，单生，基部直径1~3毫米，上部伞房花序状分枝或自基部分枝，全部茎枝无毛。基生叶长倒披针形、长椭圆形、椭圆形，长1.5~15厘米，宽不足1厘米至1.5厘米，不分裂，顶端急尖或钝，有小尖头，边缘全缘，但通常中下部边缘或仅基部边缘有稀疏的缘毛状或长尖头状锯齿，基部渐狭成长或宽翼柄，翼柄长2.5~6厘米，极少羽状浅裂或深裂，如羽状分裂，侧裂片1~3对，线状长三角形或偏斜三角形，通常集中在叶片的中下部；茎叶少数，小于、等于或大于基生叶，披针形或长椭圆状披针形或倒披针形，不分裂，基部扩大耳状抱茎，中部以下边缘或基部边缘有缘毛状锯齿；全部叶两面无毛。头状花序多数，在茎枝顶端排成伞房状花序，花序梗细。总苞圆柱状，长7~8毫米。总苞片2层，外层宽卵形，长1.5毫米，宽不足1毫米，内层长，长椭圆形，长7~8毫米，宽1毫米或不足1毫米，顶端急尖。舌状小花5~7枚，黄色，少白色。瘦果纺锤形，长3毫米，宽0.6~0.7毫米，稍压扁，褐色，有10条细肋或细脉，顶端渐狭成长1毫米的细喙，喙细丝状，上部沿脉有微刺毛。冠毛麦秆黄色或黄褐色，长4毫米，微糙毛状。花果期4~8月。

产于江苏（宜兴）、浙江（杭州、遂昌、昌化）、福建（永泰、南靖、顺昌、福州）、安徽（休宁、渔亭）、江西（寻乌）、广东（饶平）。

【药用价值】全草：清热解毒、凉血，用于痢疾、黄疸、血淋、疔肿、蛇咬。

野茼蒿　菊科 野茼蒿属 *Crassocephalum crepidioides* (Benth.) S. Moore

【形态与分布】直立草本，茎有纵条棱，无毛叶膜质，椭圆形或长圆状椭圆形，顶端渐尖，基部楔形，边缘有不规则锯齿或重锯齿，或有时基部羽状裂，两面无或近无毛；头状花序数个在茎端排成伞房状，直径约3厘米，总苞钟状，长1~1.2厘米，基部截形，有数枚不等长的线形小苞片；总苞片1层，线状披针形，等长，宽约1.5毫米，具狭膜质边缘，顶端有簇状毛，小花全部管状，两性，花冠红褐色或橙红色，檐部5齿裂，花柱基部呈小球状，分枝，顶端尖，被乳头状毛。瘦果狭圆柱形，赤红色，有肋，被毛；冠毛极多数，白色，绢毛状，易脱落。花期7~12月。

产于江西、福建、湖南、湖北、广东、广西、贵州、云南、四川、西藏。

【药用价值】全草：健脾、消肿，用于消化不良、脾虚浮肿。

钻形紫菀　菊科 紫菀属　*Aster subulatus* Michx.

【形态与分布】茎无毛而富肉质，上部稍有分枝。基生叶倒披针形，花后凋落；茎中部叶线状披针形，先端尖或钝，有时具钻形尖头，全缘，无柄，无毛。头状花序小排成圆锥状，总苞钟状，总苞片3~4层，外层较短，内层较长，线状钻形，无毛；舌状花细狭，淡红色，长与冠毛相等或稍长；管状花多数，短于冠毛。瘦果长圆形或椭圆形，有5纵棱，冠毛淡褐色。

产于河南、安徽、江苏、浙江、江西、云南。

【药用价值】全草：清热解毒，用于痈肿、湿疹。

爵 床

爵床科 爵床属 *Rostellularia procumbens* (L.) Nees

【形态与分布】草本，茎基部匍匐，通常有短硬毛，高20~50厘米。叶椭圆形至椭圆状长圆形，先端锐尖或钝，基部宽楔形或近圆形，两面常被短硬毛；叶柄短，被短硬毛。穗状花序顶生或生上部叶腋，苞片1，小苞片2，均披针形，有缘毛；花萼裂片4，线形，约与苞片等长，有膜质边缘和缘毛；花冠粉红色，长7毫米，2唇形，下唇3浅裂；雄蕊2，药室不等高，下方1室有距，蒴果上部具4粒种子，下部实心似柄状。种子表面有瘤状皱纹。

产于秦岭以南，东至江苏、台湾，南至广东，西南至云南、西藏。

【药用价值】全草：治腰背痛、创伤。

虾衣花

爵床科 麒麟吐珠属 *Calliaspidia guttata* (Brandegee) Bremek.

【形态与分布】多分枝的草本，高20~50厘米；茎圆柱状，被短硬毛。叶卵形，长2.5~6厘米，顶端短渐尖，基部渐狭而成细柄，全缘，两面被短硬毛。穗状花序紧密，稍弯垂，长6~9厘米；苞片砖红色，长1.2~1.8厘米，被短柔毛；萼白色，长约为冠管的1/4；花冠白色，在喉凸上有红色斑点，长3.2厘米，伸出苞片之外，冠檐深裂至中部，被短柔毛。蒴果未见。

产于全国各地。

臭椿　苦木科 臭椿属　*Ailanthus altissima* (Mill.) Swingle

【形态与分布】落叶乔木，树皮平滑而有直纹；嫩枝有髓，幼时被黄色或黄褐色柔毛，后脱落。叶为奇数羽状复叶，有小叶13~27；小叶对生或近对生，纸质，卵状披针形，先端长渐尖，基部偏斜，截形或稍圆，两侧各具1或2个粗锯齿，齿背有腺体1个，叶面深绿色，背面灰绿色，柔碎后具臭味。圆锥花序；花淡绿色，萼片5，覆瓦状排列，花瓣5，基部两侧被硬粗毛；雄蕊10，花丝基部密被硬粗毛，雄花中的花丝长于花瓣，雌花中的花丝短于花瓣；花药长圆形，心皮5，花柱粘合，柱头5裂。翅果长椭圆形，种子位于翅的中间，扁圆形。花期4~5月，果期8~10月。

产于除黑龙江、吉林、新疆、青海、宁夏、甘肃、海南外的全国各地。

【药用价值】根、果：清热利湿、收敛止痢。

蜡　梅　蜡梅科　蜡梅属　*Chimonanthus praecox* (L.) Link

【形态与分布】落叶灌木，幼枝四方形，老枝近圆柱形，灰褐色，无毛或被疏微毛，有皮孔；鳞芽通常着生于第二年生的枝条叶腋内，芽鳞片近圆形，覆瓦状排列，外面被短柔毛。叶纸质至近革质，卵圆形、椭圆形、宽椭圆形至卵状椭圆形，有时长圆状披针形，长5~25厘米，宽2~8厘米，顶端急尖至渐尖，有时具尾尖，基部急尖至圆形，除叶背脉上被疏微毛外无毛。花被片倒卵形、椭圆形或匙形，长5~20毫米，宽5~15毫米，无毛，内部花被片比外部花被片短，基部有爪；雄蕊长4毫米，花丝比花药长或等长，花药向内弯，无毛，药隔顶端短尖，退化雄蕊长3毫米；心皮基部被疏硬毛，花柱长达子房3倍，基部被毛。果托近木质化，坛状或倒卵状椭圆形，口部收缩，并具有钻状披针形的被毛附生物。花期11月至翌年3月，果期4~11月。

产于山东、江苏、安徽、浙江、河南、陕西、四川、贵州、云南、广西、广东等地。

【药用价值】根、叶：理气止痛、散寒解毒。花：解暑生津。果实：泻下，用于跌打、腰痛、风湿麻木、风寒感冒、刀伤出血、心烦口渴、气郁胸闷。

喜树 蓝果树科 喜树属 *Camptotheca acuminata* Decne.

【形态与分布】落叶乔木，树皮灰色，纵裂成浅沟状。小枝圆柱形，有灰色微柔毛，有很稀疏的圆形或卵形皮孔；冬芽腋生，锥状，有4对卵形的鳞片，外面有短柔毛。叶互生，纸质，矩圆状卵形，长12~28厘米，宽6~12厘米，顶端短锐尖，基部近圆形或阔楔形，全缘，上面亮绿色，其后无毛，下面淡绿色，疏生短柔毛，叶脉上更密，中脉在上面微下凹，在下面凸起；叶柄长1.5~3厘米，上面扁平，下面圆形，幼时有微柔毛，其后几无毛。头状花序近球形，直径1.5~2厘米，常由2~9个头状花序组成圆锥花序，顶生或腋生，通常上部为雌花序，下部为雄花序，总花梗圆柱形，长4~6厘米，幼时有微柔毛，其后无毛。花杂性，同株；苞片3枚，三角状卵形，长2.5~3毫米，内外两面均有短柔毛；花萼杯状，5浅裂，裂片齿状，边缘睫毛状；花瓣5枚，淡绿色，顶端锐尖，长2毫米，外面密被短柔毛，早落；雄蕊10，外轮5枚较长，常长于花瓣，内轮5枚较短，花丝纤细，无毛，花药4室；子房在两性花中发育良好，下位，花柱无毛，长4毫米，顶端通常分2枝。翅果矩圆形，长2~2.5厘米，顶端具宿存的花盘，两侧具窄翅，幼时绿色，干燥后黄褐色，着生成近球形的头状果序。花期5~7月，果期9月。

产于浙江、福建、江西、湖北、湖南、四川、贵州、广东、广西、云南等地。

【药用价值】用于痈疮疖肿、牛皮癣、癌症。

小藜 藜科 藜属 *Chenopodium serotinum* L.

【形态与分布】一年生草本，高20~50厘米。茎直立，具条棱及绿色色条。叶片卵状矩圆形，长2.5~5厘米，宽1~3.5厘米，通常三浅裂；中裂片两边近平行，先端钝或急尖并具短尖头，边缘具深波状锯齿；侧裂片位于中部以下，通常各具2浅裂齿。花两性，数个团集，排列于上部的枝上形成较开展的顶生圆锥状花序；花被近球形，5深裂，裂片宽卵形，不开展，背面具微纵隆脊并有密粉；雄蕊5，开花时外伸；柱头2，丝形。胞果包在花被内，果皮与种子贴生。种子双凸镜状，黑色，有光泽，直径约1毫米，边缘微钝，表面具六角形细洼；胚环形。4~5月开始开花。

分布于除西藏外各省区。

【药用价值】止泻痢、止痒，用于痢疾腹泻、皮肤湿毒、周身发痒。

【形态与分布】落叶乔木，树皮灰褐色，纵裂。分枝广展，小枝有叶痕。叶为二至三回奇数羽状复叶，小叶对生，卵形、椭圆形至披针形，顶生一片通常略大，先端短渐尖，基部楔形或宽楔形，边缘有钝锯齿，幼时被星状毛，后两面均无毛，广展，向上斜举。圆锥花序约与叶等长，无毛或幼时被鳞片状短柔毛；花芳香；花萼5深裂，裂片卵形或长圆状卵形，先端急尖，外面被微柔毛；花瓣淡紫色，倒卵状匙形，两面均被微柔毛，通常外面较密；雄蕊管紫色，无毛或近无毛，有纵细脉，管口有钻形、2~3齿裂的狭裂片10枚，花药10枚，着生于裂片内侧，且与裂片互生，长椭圆形，顶端微凸尖；子房近球形，5~6室，无毛，每室有胚珠2颗，花柱细长，柱头头状，顶端具5齿，不伸出雄蕊管。核果球形至椭圆形，内果皮木质，4~5室，每室有种子1颗；种子椭圆形。花期4~5月，果期10~12月。

产于我国黄河以南各地。

【药用价值】用于虫积腹痛、疥癣瘙痒。

杠板归 蓼科 蓼属 *Polygonum perfoliatum* L.

【形态与分布】一年生草本。茎攀援，多分枝，具纵棱，沿棱具稀疏的倒生皮刺。叶三角形，顶端钝或微尖，基部截形或微心形，薄纸质，上面无毛，下面沿叶脉疏生皮刺；叶柄与叶片近等长，具倒生皮刺，盾状着生于叶片的近基部；托叶鞘叶状，草质，绿色，圆形或近圆形，穿叶。总状花序呈短穗状，不分枝顶生或腋生；苞片卵圆形，每苞片内具花2~4朵；花被5深裂，白色或淡红色，花被片椭圆形，长约3毫米，果时增大，呈肉质，深蓝色；雄蕊8，略短于花被；花柱3，中上部合生；柱头头状。瘦果球形，黑色，有光泽，包于宿存花被内。花期6~8月，果期7~10月。

产于黑龙江、吉林、辽宁、河北、山东、河南、陕西、甘肃、江苏、浙江、安徽、江西、湖南、湖北、四川、贵州、福建、台湾、广东、海南、广西、云南。

【药用价值】用于咽喉肿痛、肺热咳嗽、小儿顿咳、水肿尿少、湿热泻痢、湿疹、疖肿、蛇虫咬伤。

酸模叶蓼 蓼科 蓼属 *Polygonum lapathifolium* L.

【形态与分布】一年生草本，高40~90厘米。茎直立，具分枝，无毛，节部膨大。叶披针形或宽披针形，长5~15厘米，宽1~3厘米，顶端渐尖或急尖，基部楔形，上面绿色，常有一个大的黑褐色新月形斑点，两面沿中脉被短硬伏毛，全缘，边缘具粗缘毛；叶柄短，具短硬伏毛；托叶鞘筒状，长1.5~3厘米，膜质，淡褐色，无毛，具多数脉，顶端截形，无缘毛，稀具短缘毛。总状花序呈穗状，顶生或腋生，近直立，花紧密，通常由数个花穗再组成圆锥状，花序梗被腺体；苞片漏斗状，边缘具稀疏短缘毛；花被淡红色或白色，4（5）深裂，花被片椭圆形，外面两面较大，脉粗壮，顶端叉分，外弯；雄蕊通常6。瘦果宽卵形，双凹，长2~3毫米，黑褐色，有光泽，包于宿存花被内。花期6~8月，果期7~9月。

产于全国各地。

【药用价值】果实：利尿，用于水肿、疮毒、疮肿、蛇毒。

巴天酸模

蓼科 酸模属 *Rumex patientia* L.

【形态与分布】多年生草本。根肥厚，直径可达3厘米；茎直立，粗壮，高90~150厘米，上部分枝，具深沟槽。基生叶长圆形或长圆状披针形，长15~30厘米，宽5~10厘米，顶端急尖，基部圆形或近心形，边缘波状；叶柄粗壮，长5~15厘米；茎上部叶披针形，较小，具短叶柄或近无柄；托叶鞘筒状，膜质，长2~4厘米，易破裂。花序圆锥状，大型；花两性；花梗细弱，中下部具关节；关节果时稍膨大，外花被片长圆形，长约1.5毫米，内花被片果时增大，宽心形，长6~7毫米，顶端圆钝，基部深心形，边缘近全缘，具网脉，全部或一部分具小瘤；小瘤长卵形，通常不能全部发育。瘦果卵形，具3锐棱，顶端渐尖，褐色，有光泽，长2.5~3毫米。花期5~6月，果期6~7月。

产于东北、华北、西北、山东、河南、湖南、湖北、四川、西藏。

【药用价值】根：凉血止血、清热解毒、通便杀虫，用于痢疾、泄泻、肝炎、跌打损伤、大便秘结、痈疮疥癣。

牡 荆

马鞭草科 牡荆属 *Vitex negundo* L. var. *cannabifolia* (Sieb. et Zucc.)

【形态与分布】落叶灌木或小乔木；小枝四棱形。叶对生，掌状复叶，小叶5，少有3；小叶片披针形或椭圆状披针形，顶端渐尖，基部楔形，边缘有粗锯齿，表面绿色，背面淡绿色，通常被柔毛。圆锥花序顶生，长10~20厘米；花冠淡紫色。果实近球形，黑色。花期6~7月，果期8~11月。

产于华东各省、河北、湖南、湖北、广东、广西、四川、贵州、云南。

【药用价值】根：驱虫。茎：治久痢。种子：镇静、镇痛，用于感冒、喉痹、牙痛、脚气、疮肿、烧伤。

马齿苋

马齿苋科 马齿苋属 *Portulaca oleracea* L.

【形态与分布】一年生草本，全株无毛。茎平卧或斜倚，伏地铺散，多分枝，圆柱形，长10~15厘米淡绿色或带暗红色。叶互生，有时近对生，叶片扁平，肥厚，倒卵形，顶端圆钝或平截，有时微凹，基部楔形，全缘，中脉微隆起；叶柄粗短。花无梗，直径4~5毫米；苞片2~6，叶状，膜质，近轮生；萼片2，对生，绿色，盔形，左右压扁，长约4毫米，顶端急尖，背部具龙骨状凸起，基部合生；花瓣5，稀4，黄色，倒卵形，长3~5毫米，顶端微凹，基部合生；雄蕊通常8，或更多，长约12毫米，花药黄色；子房无毛，花柱比雄蕊稍长，柱头4~6裂，线形。蒴果卵球形，长约5毫米，盖裂；种子细小，多数，偏斜球形，黑褐色，有光泽，直径不及1毫米，具小疣状凸起。花期5~8月，果期6~9月。

产于全国各地。

【药用价值】全草：清热利湿、解毒消肿、消炎、止渴、利尿。

土人参 马齿苋科 土人参属 *Talinum paniculatum* (Jacq.) Gaertn.

【形态与分布】一年生或多年生草本，全株无毛，高30~100厘米。主根粗壮，圆锥形，有少数分枝，皮黑褐色，断面乳白色。茎直立，肉质，基部近木质，多少分枝，圆柱形，有时具槽。叶互生或近对生，具短柄或近无柄，叶片稍肉质，倒卵形或倒卵状长椭圆形，长5~10厘米，宽2.5~5厘米，顶端急尖，有时微凹，具短尖头，基部狭楔形，全缘。圆锥花序顶生或腋生，较大形，常二叉状分枝，具长花序梗；花小，直径约6毫米；总苞片绿色或近红色，圆形，顶端圆钝，长3~4毫米；苞片2，膜质，披针形，顶端急尖，长约1毫米；花梗长5~10毫米；萼片卵形，紫红色，早落；花瓣粉红色或淡紫红色，长椭圆形、倒卵形或椭圆形，长6~12毫米，顶端圆钝，稀微凹；雄蕊（10）15~20，比花瓣短；花柱线形，长约2毫米，基部具关节；柱头3裂，稍开展；子房卵球形，长约2毫米。蒴果近球形，直径约4毫米，3瓣裂，坚纸质；种子多数，扁圆形，直径约1毫米，黑褐色或黑色，有光泽。花期6~8月，果期9~11月。

产于全国各地。

【药用价值】根：补中益气、润肺生津。叶：消肿解毒，用于疔疮疖肿。

野老鹳草 牻牛儿苗科 老鹳草属 *Geranium carolinianum* L.

【形态与分布】一年生草本，根纤细，单一或分枝，茎直立或仰卧，单一或多数，具棱角，密被倒向短柔毛。基生叶早枯，茎生叶互生或最上部对生；托叶披针形或三角状披针形，外被短柔毛；茎下部叶具长柄，柄长为叶片的2~3倍，被倒向短柔毛，上部叶柄渐短；叶片圆肾形，基部心形，掌状5~7裂近基部，裂片楔状倒卵形或菱形，下部楔形、全缘，上部羽状深裂，小裂片条状矩圆形，先端急尖，表面被短伏毛，背面主要沿脉被短伏毛。花序腋生和顶生，长于叶，被倒生短柔毛和开展的长腺毛，每总花梗具2花，顶生总花梗常数个集生，花序呈伞形状；花梗与总花梗相似，等于或稍短于花；苞片钻状，被短柔毛；萼片长卵形或近椭圆形，先端急尖，具尖头，外被短柔毛或沿脉被开展的糙柔毛和腺毛；花瓣淡紫红色，倒卵形，稍长于萼，先端圆形，基部宽楔形，雄蕊稍短于萼片，中部以下被长糙柔毛；雌蕊稍长于雄蕊，密被糙柔毛。蒴果被短糙毛，果瓣由喙上部先裂向下卷曲。花期4~7月，果期5~9月。

产于山东、安徽、江苏、浙江、江西、湖南、湖北、四川、云南。

【药用价值】全草：祛风收敛、止泻。

天竺葵 牻牛儿苗科 天竺葵属 *Pelargonium hortorum* Bailey

【形态与分布】多年生草本，高30~60厘米。茎直立，基部木质化，上部肉质，多分枝或不分枝，具明显的节，密被短柔毛，具浓烈鱼腥味，叶互生；托叶宽三角形或卵形，长7~15毫米，被柔毛和腺毛；叶柄长3~10厘米，被细柔毛和腺毛；叶片圆形或肾形，茎部心形，直径3~7厘米，边缘波状浅裂，具圆形齿，两面被透明短柔毛，表面叶缘以内有暗红色马蹄形环纹。伞形花序腋生，具多花，总花梗长于叶，被短柔毛；总苞片数枚，宽卵形；花梗3~4厘米，被柔毛和腺毛。芽期下垂，花期直立；萼片狭披针形，长8~10毫米，外面密腺毛和长柔毛，花瓣红色、橙红、粉红或白色，宽倒卵形，长12~15毫米，宽6~ 8毫米，先端圆形，基部具短爪，下面3枚通常较大；子房密被短柔毛。蒴果长约3厘米，被柔毛。花期5~7月，果期6~9月。

产于全国各地。

【药用价值】用于气喘、胆结石、肾结石、肌肉酸痛、疱疹、湿疹。

猫爪草 毛茛科 毛茛属 *Ranunculus ternatus* Thunb.

【形态与分布】一年生草本。簇生多数肉质小块根，块根卵球形或纺锤形，顶端质硬，形似猫爪，直径3~5毫米。茎铺散，高5~20厘米，多分枝，较柔软，大多无毛。基生叶有长柄；叶片形状多变，单叶或三出复叶，宽卵形至圆肾形，长5~40毫米，宽4~25毫米，小叶3浅裂至3深裂或多次细裂，末回裂片倒卵形至线形，无毛；叶柄长6~10厘米。茎生叶无柄，叶片较小，全裂或细裂，裂片线形，宽1~3毫米。花单生茎顶和分枝顶端，直径1~1.5厘米；萼片5~7，长3~4毫米，外面疏生柔毛；花瓣5~7或更多，黄色或后变白色，倒卵形，长6~8毫米，基部有长约0.8毫米的爪，蜜槽棱形；花药长约1毫米；花托无毛。聚合果近球形，直径约6毫米；瘦果卵球形，长约1.5毫米，无毛，边缘有纵肋，喙细短，长约0.5毫米。花期早，春季3月开花，果期4~7月。

产于广西、台湾、江苏、浙江、江西、湖南、安徽、湖北、河南等地。

【药用价值】根：散结消瘀，用于淋巴结核。

石龙芮 毛茛科 毛茛属 *Ranunculus sceleratus* L.

【形态与分布】一年生草本。须根簇生。茎直立，高10~50厘米，直径2~5毫米，有时粗达1厘米，上部多分枝，具多数节，下部节上有时生根。基生叶多数；叶片肾状圆形，长1~4厘米，宽1.5~5厘米，基部心形，3深裂不达基部，裂片倒卵状楔形，不等地2~3裂，顶端钝圆，有粗圆齿，无毛。茎生叶多数，下部叶与基生叶相似；上部叶较小，裂片披针形至线形，全缘，无毛，顶端钝圆，基部扩大成膜质宽鞘抱茎。聚伞花序有多数花；花小，直径4~8毫米；花梗长1~2厘米，无毛；萼片椭圆形，长2~3.5毫米，外面有短柔毛，花瓣5，倒卵形，等长或稍长于花萼，基部有短爪，蜜槽呈棱状袋穴；雄蕊10多枚，花药卵形，长约0.2毫米；花托在果期伸长增大呈圆柱形，长3~10毫米，径1~3毫米，生短柔毛。聚合果长圆形，长8~12毫米，为宽的2~3倍；瘦果极多数，近百枚，紧密排列，倒卵球形，稍扁，长1~1.2毫米，无毛，喙短至近无，长0.1~0.2毫米。花果期5~8月。

产于全国各地。

【药用价值】全草：消结核、截疟，用于痈肿、疮毒、蛇毒、风寒湿痹。

扬子毛茛 毛茛科 毛茛属 *Ranunculus sieboldii* Miq.

【形态与分布】多年生草本。茎铺散，斜升，高20~50厘米，多分枝，密生开展的白色或淡黄色柔毛。基生叶与茎生叶相似，为三出复叶；叶片圆肾形至宽卵形，长2~5厘米，宽3~6厘米，基部心形，中央小叶宽卵形或菱状卵形，3浅裂至较深裂，边缘有锯齿，生开展柔毛；侧生小叶不等地2裂，背面或两面疏生柔毛；叶柄长2~5厘米，密生开展的柔毛，基部扩大成褐色膜质的宽鞘抱茎，上部叶较小，叶柄也较短。花与叶对生，花梗长3~8厘米，密生柔毛；萼片狭卵形，外面生柔毛，花期向下反折，迟落；花瓣5，黄色或上面变白色，狭倒卵形至椭圆形，有5~9条或深色脉纹，下部渐窄成长爪，蜜槽小鳞片位于爪的基部；雄蕊20余枚；花托粗短，密生白柔毛。聚合果圆球形，直径约1厘米；瘦果扁平，为厚的5倍以上，无毛，喙长约1毫米，成锥状外弯。

产于四川、云南、贵州、广西、湖南、湖北、江西、江苏、福建、陕西、甘肃等地。

【药用价值】全草：发泡截疟，用于疮毒、腹水浮肿。

天葵 毛茛科 天葵属 *Semiaquilegia adoxoides* (DC.) Makino

【形态与分布】植株被稀疏的白色柔毛，分歧。基生叶多数，为掌状三出复叶；叶片轮廓卵圆形至肾形，长1.2~3厘米；小叶扇状菱形或倒卵状菱形，长0.6~2.5厘米，宽1~2.8厘米，3深裂，深裂片又有2~3个小裂片，两面均无毛；叶柄长3~12厘米，基部扩大呈鞘状。茎生叶与基生叶相似，惟较小。花小，直径4~6毫米；苞片小，倒披针形至倒卵圆形，不裂或3深裂；花梗纤细，长1~2.5厘米，被伸展的白色短柔毛；萼片白色，常带淡紫色，狭椭圆形，长4~6毫米，宽1.2~2.5毫米，顶端急尖；花瓣匙形，长2.5~3.5毫米，顶端近截形，基部凸起呈囊状；退化雄蕊约2枚，线状披针形，白膜质，与花丝近等长；心皮无毛。蓇葖卵状长椭圆形，长6~7毫米，宽约2毫米，表面具凸起的横向脉纹，种子卵状椭圆形，褐色至黑褐色，长约1毫米，表面有许多小瘤状突起。3~4月开花，4~5月结果。

产于四川、贵州、湖北、湖南、广西北部、江西、福建、浙江、江苏、安徽、陕西南部。

【药用价值】用于疔疮疖肿、乳腺炎、扁桃体炎、淋巴结核、跌打损伤。

含笑花

木兰科 含笑属 *Michelia figo* (Lour.) Spreng.

【形态与分布】常绿灌木，树皮灰褐色，分枝繁密；芽、嫩枝、叶柄、花梗均密被黄褐色绒毛。叶革质，狭椭圆形或倒卵状椭圆形，先端钝短尖，基部楔形或阔楔形，上面有光泽，无毛，下面中脉上留有褐色平伏毛，余脱落无毛，托叶痕长达叶柄顶端。花直立，淡黄色而边缘有时红色或紫色，具甜浓的芳香，花被片6，肉质，较肥厚，长椭圆形；药隔伸出成急尖头，雌蕊群无毛，长约7毫米，超出于雄蕊群；雌蕊群柄被淡黄色绒毛。聚合果；蓇葖卵圆形或球形，顶端有短尖的喙。花期3~5月，果期7~8月。花开放，含蕾不尽开，故称“含笑花”。

产于全国各地。

【药用价值】花：镇静身心、去除紧张、振奋精神、激发活力、消除疲劳、凉血解毒、护肤养颜。

黄 兰 木兰科 含笑属 *Michelia champaca* L.

【形态与分布】常绿乔木，高达10余米；枝斜上展，呈狭伞形树冠；芽、嫩枝、嫩叶和叶柄均被淡黄色的平伏柔毛。叶薄革质，披针状卵形或披针状长椭圆形，长10~20（25）厘米，宽4.5~9厘米，先端长渐尖或近尾状，基部阔楔形或楔形，下面稍被微柔毛；叶柄长2~4厘米，托叶痕长达叶柄中部以上。花黄色，极香，花被片15~20片，倒披针形，长3~4厘米，宽4~5毫米；雄蕊的药隔伸出成长尖头；雌蕊群具毛；雌蕊群柄长约3毫米。聚合果长7~15厘米；蓇葖倒卵状长圆形，长1~1.5厘米，有疣状凸起；种子2~4枚，有皱纹。花期6~7月，果期9~10月。

产于西藏东南部、云南南部及西南部、福建、台湾、广东、海南、广西等地。

【药用价值】根：祛风除湿、清利咽喉。果实：治疗胃痛、消化不良，用于风湿骨痛。

深山含笑　木兰科 含笑属　*Michelia maudiae* Dunn

【形态与分布】乔木，高达20米，各部均无毛；树皮薄、浅灰色或灰褐色；芽、嫩枝、叶下面、苞片均被白粉。叶革质，长圆状椭圆形，很少卵状椭圆形，长7~18厘米，宽3.5~8.5厘米，先端骤狭短渐尖或短渐尖而尖头钝，基部楔形、阔楔形或近圆钝，上面深绿色，有光泽，下面灰绿色，被白粉，侧脉每边7~12条，直或稍曲，至近叶缘开叉网结、网眼致密。叶柄长1~3厘米，无托叶痕。花梗绿色，具3环状苞片脱落痕，佛焰苞状苞片淡褐色，薄革质，长约3厘米；花芳香，花被片9片，纯白色，基部稍呈淡红色，外轮的倒卵形，长5~7厘米，宽3.5~4厘米，顶端具短急尖，基部具长约1厘米的爪，内两轮则渐狭小；近匙形，顶端尖；雄蕊长1.5~2.2厘米，药隔伸出长1~2毫米的尖头，花丝宽扁，淡紫色，长约4毫米；雌蕊群长1.5~1.8厘米；雌蕊群柄长5~8毫米。心皮绿色，狭卵圆形、连花柱长5~6毫米。聚合果长7~15厘米，蓇葖长圆体形、倒卵圆形、卵圆形、顶端圆钝或具短突尖头。种子红色，斜卵圆形，长约1厘米，宽约5毫米，稍扁。花期2~3月，果期9~10月。

产于浙江南部、福建、湖南、广东、广西、贵州。

【药用价值】花：散风寒、通鼻窍、行气止痛。根：清热解毒、行气化浊、止咳。

荷花玉兰 木兰科 木兰属 *Magnolia grandiflora* L.

【形态与分布】常绿乔木，在原产地高达30米；树皮淡褐色或灰色，薄鳞片状开裂；小枝粗壮，具横隔的髓心；小枝、芽、叶下面、叶柄，均密被褐色或灰褐色短绒毛（幼树的叶下面无毛）。叶厚革质，椭圆形，长圆状椭圆形或倒卵状椭圆形，先端钝或短钝尖，基部楔形，叶面深绿色，有光泽；侧脉每边8~10条；叶柄无托叶痕，具深沟。花白色，有芳香；花被片9~12，厚肉质，倒卵形；雄蕊长约2厘米，花丝扁平，紫色，花药内向，药隔伸出成短尖；雌蕊群椭圆体形，密被长绒毛；心皮卵形，花柱呈卷曲状。聚合果圆柱状长圆形或卵圆形，密被褐色或淡灰黄色绒毛；蓇葖背裂，背面圆，顶端外侧具长喙；种子近卵圆形或卵形，外种皮红色，除去外种皮的种子，顶端延长成短颈。花期5~6月，果期9~10月。

产于长江流域以南。

【药用价值】叶：治高血压。花：祛风散寒、止痛，用于外感风寒、鼻塞头痛、湿阻、气滞胃痛。

望春玉兰 木兰科 木兰属 *Magnolia biondii* Pampan.

【形态与分布】落叶乔木；树皮淡灰色，光滑；小枝细长，灰绿色，直径3~4毫米，无毛；顶芽卵圆形或宽卵圆形，长1.7~3厘米，密被淡黄色展开长柔毛。叶椭圆状披针形、卵状披针形、狭倒卵或卵形，长10~18厘米，宽3.5~6.5厘米，先端急尖，或短渐尖，基部阔楔形，或圆钝，边缘干膜质，下延至叶柄，上面暗绿色，下面浅绿色，初被平伏棉毛，后无毛；侧脉每边10~15条；叶柄长1~2厘米，托叶痕为叶柄长的1/5~1/3。花先叶开放，直径6~8厘米，芳香；花梗顶端膨大，长约1厘米，具3苞片脱落痕；花被9，外轮3片紫红色，近狭倒卵状条形，长约1厘米，中内两轮近匙形，白色，外面基部常紫红色，内轮的较狭小；雄蕊长8~10毫米，花药长4~5毫米，花丝长3~4毫米，紫色；雌蕊群长1.5~2厘米。聚合果圆柱形，长8~14厘米，常因部分不育而扭曲；果梗长约1厘米，径约7毫米，残留长绢毛；蓇葖浅褐色，近圆形，侧扁，具凸起瘤点；种子心形，外种皮鲜红色，内种皮深黑色，顶端凹陷，具“V”形槽，中部凸起，腹部具深沟，末端短尖不明显。花期3月，果熟期9月。

产于陕西、甘肃、河南、湖北、四川等地。

【药用价值】花蕾：散风寒、通肺窍、收敛、降压、镇痛、杀菌，用于头痛、感冒、鼻炎、肺炎、支气管炎。

玉 兰 木兰科 木兰属 *Magnolia denudata* Desr.

【形态与分布】落叶乔木，枝广展形成宽阔的树冠；树皮深灰色，粗糙开裂；小枝稍粗壮，灰褐色；冬芽及花梗密被淡灰黄色长绢毛。叶纸质，倒卵形、宽倒卵形或倒卵状椭圆形，基部徒长枝叶椭圆形，长10~15（18）厘米，宽6~10(12)厘米，先端宽圆、平截或稍凹，具短突尖，中部以下渐狭成楔形，叶上深绿色，嫩时被柔毛，后仅中脉及侧脉留有柔毛，下面淡绿色，沿脉上被柔毛，侧脉每边8~10条，网脉明显；叶柄长1~2.5厘米，被柔毛，上面具狭纵沟；托叶痕为叶柄长的1/4~1/3。花蕾卵圆形，花先叶开放，直立，芳香，直径10~16厘米；花梗显著膨大，密被淡黄色长绢毛；花被片9片，白色，基部常带粉红色，近相似，长圆状倒卵形，长6~8（10）厘米，宽2.5~4.5（6.5）厘米；雄蕊长7~12毫米，花药长6~7毫米，侧向开裂；药隔宽约5毫米，顶端伸出成短尖头；雌蕊群淡绿色，无毛，圆柱形，长2~2.5厘米；雌蕊狭卵形，长3~4毫米，具长4毫米的锥尖花柱。聚合果圆柱形（在庭园栽培种常因部分心皮不育而弯曲），长12~15厘米，直径3.5~5厘米；蓇葖厚木质，褐色，具白色皮孔；种子心形，侧扁，长约9毫米，宽约10毫米，外种皮红色，内种皮黑色。花期2~3月，果期8~9月。

产于江西、浙江、湖南、贵州。

【药用价值】花：祛风散寒、通窍、宣肺通鼻，用于头痛、血瘀型痛经、鼻塞、急慢性鼻窦炎、过敏性鼻炎。

紫玉兰

木兰科 木兰属 *Magnolia liliflora* Desr.

【形态与分布】落叶灌木，树皮灰褐色，小枝绿紫色或淡褐紫色。叶椭圆状倒卵形或倒卵形，先端急尖或渐尖，基部渐狭沿叶柄下延至托叶痕，上面深绿色，幼嫩时疏生短柔毛，下面灰绿色，沿脉有短柔毛；侧脉每边8~10条，托叶痕约为叶柄长之半。花蕾卵圆形，被淡黄色绢毛；花叶同时开放，瓶形，直立于粗壮、被毛的花梗上，稍有香气；花被片9~12，外轮3片萼片状，紫绿色，披针形常早落，内两轮肉质，外面紫色或紫红色，内面带白色，花瓣状，椭圆状倒卵形，雄蕊紫红色，长8~10毫米，花药侧向开裂，药隔伸出成短尖头；雌蕊群淡紫色，无毛。聚合果深紫褐色，变褐色，圆柱形，成熟蓇葖近圆球形，顶端具短喙。花期3~4月，果期8~9月。

产于福建、湖北、四川、云南西北部。

【药用价值】花蕾：镇痛消炎，用于鼻炎及头痛。

湖北梣 木犀科 梣属 *Fraxinus hupehensis* Ch'u, Shang et Su

【形态与分布】落叶大乔木，高达19米，胸径达1.5米；树皮深灰色，老时纵裂；营养枝常呈棘刺状。小枝挺直，被细绒毛或无毛。羽状复叶长7~15厘米；叶柄长3厘米，基部不增厚；叶轴具狭翅，小叶着生处有关节，至少在节上被短柔毛；小叶7~9枚，革质，披针形至卵状披针形，长1.7~5厘米，宽0.6~1.8厘米，先端渐尖，基部楔形，叶缘具锐锯齿，上面无毛，下面沿中脉基部被短柔毛，侧脉6~7对；小叶柄长3~4毫米，被细柔毛。花杂性，密集簇生于去年生枝上，呈甚短的聚伞圆锥花序，长约1.5厘米；两性花花萼钟状，雄蕊2，花药长1.5~2毫米，花丝较长，长5.5~6毫米，雌蕊具长花柱，柱头2裂。翅果匙形，长4~5厘米，宽5~8毫米，中上部最宽，先端急尖。花期2~3月，果期9月。

产于湖北。

金钟花　木犀科 连翘属　*Forsythia viridissima* Lindl.

【形态与分布】落叶灌木，高可达3米，全株除花萼裂片边缘具睫毛外，其余均无毛。枝棕褐色或红棕色，直立，小枝绿色或黄绿色，呈四棱形，皮孔明显，具片状髓。叶片长椭圆形至披针形，或倒卵状长椭圆形，长3.5~15厘米，宽1~4厘米，先端锐尖，基部楔形，通常上半部具不规则锐锯齿或粗锯齿，上面深绿色，下面淡绿色，两面无毛，中脉和侧脉在上面凹入，下面凸起；叶柄长6~12毫米。花1~3朵，生于叶腋，先于叶开放；花梗长3~7毫米；花萼长3.5~5毫米，裂片绿色，卵形、宽卵形或宽长圆形，长2~4毫米，具睫毛；花冠深黄色，长1.1~2.5厘米，花冠管长5~6毫米，裂片狭长圆形至长圆形，长0.6~1.8厘米，宽3~8毫米，内面基部具橘黄色条纹，反卷；在雄蕊长3.5~5毫米花中，雌蕊长5.5~7毫米，而在雄蕊长6~7毫米的花中，雌蕊长约3毫米。果卵形或宽卵形，长1~1.5厘米，宽0.6~1厘米，基部稍圆，先端是喙状渐尖状，具皮孔；果梗长3~7毫米。花期3~4月，果期8~11月。

产于江苏、安徽、浙江、江西、福建、湖北、湖南、云南。

【药用价值】用于流行性感冒、目赤肿痛、疥疮、筋骨酸痛、颈淋巴结核。

木犀 木犀科 木犀属 *Osmanthus fragrans* (Thunb.) Lour.

【形态与分布】常绿乔木或灌木，树皮灰褐色。小枝黄褐色，无毛。叶片革质，椭圆形或椭圆状披针形，长7~14.5厘米，宽2.6~4.5厘米，先端渐尖，基部渐狭呈楔形或宽楔形，全缘或通常上半部具细锯齿，两面无毛，腺点在两面连成小水泡状突起，中脉在上面凹入，下面凸起，侧脉6~8对，多达10对，在上面凹入，下面凸起；叶柄长0.8~1.2厘米，最长可达15厘米，无毛。聚伞花序簇生于叶腋，或近于帚状，每腋内有花多朵；苞片宽卵形，质厚，长2~4毫米，具小尖头，无毛；花梗细弱，长4~10毫米，无毛；花极芳香；花萼长约1毫米，裂片稍不整齐；花冠黄白色、淡黄色、黄色或橘红色，长3~4毫米，花冠管仅长0.5~1毫米；雄蕊着生于花冠管中部，花丝极短，长约0.5毫米，花药长约1毫米，药隔在花药先端稍延伸呈不明显的小尖头；雌蕊长约1.5毫米，花柱长约0.5毫米。果歪斜，椭圆形，长1~1.5厘米，呈紫黑色。花期9~10月上旬，果期翌年3月。

产于四川、陕西南部、云南、广西、广东、湖南、湖北、江西、安徽、河南等地。

【药用价值】花：养颜美容、舒缓喉咙 、改善多痰及咳嗽，用于十二指肠溃疡、荨麻疹、胃寒胃疼、口臭、视觉不明。

女 贞 木犀科 女贞属 *Ligustrum lucidum* Ait.

【形态与分布】叶片常绿，革质，卵形、长卵形或椭圆形至宽椭圆形，长6~17厘米，宽3~8厘米，先端锐尖至渐尖或钝，基部圆形或近圆形，有时宽楔形或渐狭，叶缘平坦，上面光亮，两面无毛，中脉在上面凹入，下面凸起，侧脉4~9对，两面稍凸起或有时不明显；叶柄长1~3厘米，上面具沟，无毛。圆锥花序顶生，长8~20厘米，宽8~25厘米；花序梗长0~3厘米；花序轴及分枝轴无毛，紫色或黄棕色，果实具棱；花序基部苞片常与叶同型，小苞片披针形或线形，长0.5~6厘米，宽0.2~1.5厘米，凋落；花无梗或近无梗，长不超过1毫米；花萼无毛，长1.5~2毫米，齿不明显或近截形；花冠长4~5毫米，花冠管长1.5~3毫米，裂片长2~2.5毫米，反折；花丝长1.5~3毫米，花药长圆形，长1~1.5毫米；花柱长1.5~2毫米，柱头棒状。果肾形或近肾形，长7~10毫米，径4~6毫米，深蓝黑色，成熟时呈红黑色，被白粉；果梗长0~5毫米。花期5~7月，果期7月至翌年5月。

产于全国各地。

【药用价值】果：滋养肝肾、强腰膝、乌须明目，用于眩晕耳鸣、腰膝酸软、须发早白、目暗不明、耳鸣耳聋、须发早白、牙齿松动。

小　蜡　木犀科 女贞属　*Ligustrum sinense* Lour.

【形态与分布】落叶灌木或小乔木，高2~4米。小枝圆柱形，幼时被淡黄色短柔毛或柔毛，老时近无毛。叶片纸质或薄革质，卵形、椭圆状卵形、长圆形、长圆状椭圆形至披针形，或近圆形，长2~7厘米，宽1~3厘米，先端锐尖、短渐尖至渐尖，或钝而微凹，基部宽楔形至近圆形，或为楔形，上面深绿色，疏被短柔毛或无毛，或仅沿中脉被短柔毛，下面淡绿色，疏被短柔毛或无毛，常沿中脉被短柔毛，侧脉4~8对，上面微凹入，下面略凸起；叶柄长2~8毫米，被短柔毛。圆锥花序顶生或腋生，塔形，长4~11厘米，宽3~8厘米；花序轴被较密淡黄色短柔毛或柔毛以至近无毛；花梗长1~3毫米，被短柔毛或无毛；花萼无毛，长1~1.5毫米，先端呈截形或呈浅波状齿；花冠长3.5~5.5毫米，花冠管长1.5~2.5毫米，裂片长圆状椭圆形或卵状椭圆形，长2~4毫米；花丝与裂片近等长或长于裂片，花药长圆形，长约1毫米。果近球形，径5~8毫米。花期3~6月，果期9~12月。

产于江苏、浙江、安徽、江西、福建、台湾、湖北、湖南、广东、广西、贵州、四川、云南。

【药用价值】叶：清热降火、抑菌抗菌、去腐生肌，用于吐血、牙痛、口疮、咽喉痛、咳嗽。

小叶女贞 木犀科 女贞属 *Ligustrum quihoui* Carr.

【形态与分布】小叶女贞是落叶灌木，高1~3米。小枝淡棕色，圆柱形，密被微柔毛，后脱落。叶片薄革质，形状和大小变异较大，披针形、长圆状椭圆形、椭圆形、倒卵状长圆形至倒披针形或倒卵形，长1~4（5.5）厘米，宽0.5~2厘米，先端锐尖、钝或微凹，基部狭楔形至楔形，叶缘反卷，上面深绿色，下面淡绿色，常具腺点，两面无毛，稀沿中脉被微柔毛，中脉在上面凹入，下面凸起，侧脉2~6对，不明显，在上面微凹入，下面略凸起，近叶缘处网结不明显；叶柄长0~5毫米，无毛或被微柔毛。圆锥花序顶生，近圆柱形，长4~15（22）厘米，宽2~4厘米，分枝处常有1对叶状苞片；小苞片卵形，具睫毛；花萼无毛，长1.5~2毫米，萼齿宽卵形或钝三角形；花冠长4~5毫米，花冠管长2.5~3毫米，裂片卵形或椭圆形，长1.5~3毫米，先端钝；雄蕊伸出裂片外，花丝与花冠裂片近等长或稍长。果倒卵形、宽椭圆形或近球形，长5~9毫米，径4~7毫米，呈紫黑色。花期5~7月，果期8~11月。

产于中国陕西南部、山东、江苏、安徽、浙江、江西、河南、湖北、四川、贵州西北部、云南。

【药用价值】叶：清热解毒，治烫伤，用于烫伤、外伤。

茉莉花 木犀科 素馨属 *Jasminum sambac* (L.) Ait.

【形态与分布】直立或攀援灌木，高达3米。小枝圆柱形或稍压扁状，有时中空，疏被柔毛。叶对生，单叶，叶片纸质，圆形、椭圆形、卵状椭圆形或倒卵形，长4~12.5厘米，宽2~7.5厘米，两端圆或钝，基部有时微心形，侧脉4~6对，在上面稍凹入或凹起，下面凸起，细脉在两面常明显，微凸起，除下面脉腋间常具簇毛外，其余无毛；叶柄长2~6毫米，被短柔毛，具关节。聚伞花序顶生，通常有花3朵，有时单花或多达5朵；花序梗长1~4.5厘米，被短柔毛；苞片微小，锥形，长4~8毫米；花梗长0.3~2厘米；花极芳香；花萼无毛或疏被短柔毛，裂片线形，长5~7毫米；花冠白色，花冠管长0.7~1.5厘米，裂片长圆形至近圆形，宽5~9毫米，先端圆或钝。果球形，径约1厘米，呈紫黑色。花期5~8月，果期7~9月。产于全国各地。

【药用价值】花、叶：治目赤肿痛、止咳化痰。

野迎春 木犀科 素馨属 *Jasminum mesnyi* Hance

【形态与分布】常绿直立亚灌木，高0.5~5米，枝条下垂。小枝四棱形，具沟，光滑无毛。叶对生，三出复叶或小枝基部具单叶；叶柄长0.5~1.5厘米，具沟；叶片和小叶片近革质，两面几无毛，叶缘反卷，具睫毛，中脉在下面凸起，侧脉不甚明显；小叶片长卵形或长卵状披针形，顶生小叶片长2.5~6.5厘米，宽0.5~2.2厘米，基部延伸成短柄，侧生小叶片较小，长1.5~4厘米，宽0.6~2厘米，无柄；单叶为宽卵形或椭圆形，长3~5厘米，宽1.5~2.5厘米。花通常单生于叶腋，稀双生或单生于小枝顶端；苞片叶状，倒卵形或披针形；花梗粗壮，长3~8毫米；花萼钟状，裂片5~8枚，小叶状，披针形，长4~7毫米，宽1~3毫米，先端锐尖；花冠黄色，漏斗状，径2~4.5厘米，花冠管长1~1.5厘米，裂片6~8枚，宽倒卵形或长圆形，长1.1~1.8厘米，宽0.5~1.3厘米。果椭圆形，两心皮基部愈合，径6~8毫米。花期11月至翌年8月，果期3~5月。

产于甘肃、陕西、四川、云南西北部、西藏东南部。

【药用价值】叶：活血解毒、消肿止痛。花：发汗，解热利尿，用于肿毒恶疮、跌打损伤、创伤出血、发热头痛，小便涩痛。

异叶地锦

葡萄科 地锦属 *Parthenocissus dalzielii* Gagnep.

【形态与分布】木质藤本。小枝圆柱形，无毛。卷须总状5~8分枝，相隔2节间断与叶对生，卷须顶端嫩时膨大呈圆珠形，后遇附着物扩大呈吸盘状。两型叶，着生在短枝上常为3小叶，较小的单叶常着生在长枝上，叶为单叶者叶片卵圆形，长3~7厘米，宽2~5厘米，顶端急尖或渐尖，基部心形或微心形，边缘有4~5个细牙齿，3小叶者，中央小叶长椭圆形，长6~21厘米，宽3~8厘米，最宽处在近中部，顶端渐尖，基部楔形，边缘在中部以上有3~8个细牙齿，侧生小叶卵椭圆形，长5.5~19厘米，宽3~7.5厘米，最宽处在下部，顶端渐尖，基部极不对称，近圆形，外侧边缘有5~8个细牙齿，内侧边缘锯齿状；单叶有基出脉3~5，中央脉有侧脉2~3对，3小叶者小叶有侧脉5~6对，网脉两面微突出，无毛；叶柄长5~20厘米，中央小叶有短柄，长0.3~1厘米，侧小叶无柄，完全无毛。花序假顶生于短枝顶端，基部有分枝，主轴不明显，形成多歧聚伞花序，长3~12厘米；花序梗长0~3厘米，无毛；小苞片卵形，长1.5~2毫米，宽1~2毫米，顶端急尖，无毛；花梗长1~2毫米，无毛；花蕾高2~3毫米，顶端圆形；萼碟形，边缘呈波状或近全缘，外面无毛；花瓣4，倒卵椭圆形，高1.5~2.7毫米，无毛；雄蕊5，花丝长0.4~0.9毫米，下部略宽，花药黄色，椭圆形或卵椭圆形，长0.7~1.5毫米；花盘不明显；子房近球形，花柱短，柱头不明显扩大。果实近球形，直径0.8~1厘米，成熟时紫黑色，有种子1~4颗；种子倒卵形，顶端近圆形，基部急尖，种脐在背面近中部呈圆形，腹部中棱脊突出，两侧洼穴呈沟状，从种子基部向上斜展达种子顶端。花期5~7月，果期7~11月。

产于河南、湖北、湖南、江西、浙江、福建、台湾、广东、广西、四川、贵州等地。

【药用价值】根：破血散瘀，消肿解毒。

乌蔹莓 葡萄科 乌蔹莓属 *Cayratia japonica* (Thunb.) Gagnep.

【形态与分布】草质藤本。小枝圆柱形，有纵棱纹，无毛或微被疏柔毛。卷须2~3叉分枝，相隔2节间断与叶对生。叶为鸟足状，5小叶，中央小叶长椭圆形或椭圆披针形，长2.5~4.5厘米，宽1.5~4.5厘米，顶端急尖或渐尖，基部楔形，侧生小叶椭圆形或长椭圆形，长1~7厘米，宽0.5~3.5厘米，顶端急尖或圆形，基部楔形或近圆形，边缘每侧有6~15个锯齿，上面绿色，无毛，下面浅绿色，无毛或微被毛；侧脉5~9对，网脉不明显；叶柄长1.5~10厘米，中央小叶柄长0.5~2.5厘米，侧生小叶无柄或有短柄，侧生小叶总柄长0.5~1.5厘米，无毛或微被毛；托叶早落。花序腋生，复二歧聚伞花序；花序梗长1~13厘米，无毛或微被毛；花梗长1~2毫米，几无毛；花蕾卵圆形，高1~2毫米，顶端圆形；萼碟形，边缘全缘或波状浅裂，外面被乳突状毛或几无毛；花瓣4，三角状卵圆形，高1~1.5毫米，外面被乳突状毛；雄蕊4，花药卵圆形，长宽近相等；花盘发达，4浅裂；子房下部与花盘合生，花柱短，柱头微扩大。果实近球形，直径约1厘米，有种子2~4颗；种子三角状倒卵形，顶端微凹，基部有短喙，种脐在种子背面近中部呈带状椭圆形，上部种脊突出，表面有突出肋纹，腹部中棱脊突出，两侧洼穴呈半月形，从近基部向上达种子近顶端。花期3~8月，果期8~11月。

产于陕西、甘肃、江西、浙江、湖北、湖南、广东、四川、贵州、云南等地。

【药用价值】清热利湿、解毒消肿，用于痈肿、疔疮、痄腮、丹毒、风湿痛、黄疸、痢疾、尿血、白浊、咽喉肿痛、疖肿、痈疽、跌打损伤、毒蛇咬伤。

鸡爪槭

槭树科 槭属 *Acer palmatum* Thunb.

【形态与分布】落叶小乔木。树皮深灰色。小枝细瘦；当年生枝紫色或淡紫绿色；多年生枝淡灰紫色或深紫色。叶纸质，外貌圆形，直径6~10厘米，基部心脏形，5~9掌状分裂，通常7裂，裂片长圆卵形或披针形，先端锐尖或长锐尖，边缘具紧贴的尖锐锯齿；裂片间的凹缺钝尖或锐尖，深达叶片直径的1/2或1/3；上面深绿色，无毛；下面淡绿色，在叶脉的脉腋被有白色丛毛；主脉在上面微显著，在下面凸起；叶柄长4~6厘米，细瘦，无毛。花紫色，杂性，雄花与两性花同株，生于无毛的伞房花序，总花梗长23厘米，叶发出以后才开花；萼片5，卵状披针形，先端锐尖，长3毫米；花瓣5，椭圆形或倒卵形，先端钝圆，长约2毫米；雄蕊8，无毛，较花瓣略短而藏于其内；花盘位于雄蕊的外侧，微裂；子房无毛，花柱长，2裂，柱头扁平，花梗长约1厘米，细瘦，无毛。翅果嫩时紫红色，成熟时淡棕黄色；小坚果球形，直径7毫米，脉纹显著；翅与小坚果共长2~2.5厘米，宽1厘米，张开成钝角。花期5月，果期9月。

产于山东、河南南部、江苏、浙江、安徽、江西、湖北、湖南、贵州等地。

【药用价值】行气止痛、解毒消痈，用于气滞腹痛、痈肿发背。

【形态与分布】落叶灌木或小乔木，树皮平滑，灰色或灰褐色；枝干多扭曲，小枝纤细，具4棱，略成翅状。叶互生或有时对生，纸质，椭圆形或倒卵形，顶端短尖或钝形，有时微凹，基部阔楔形或近圆形，无毛或下面沿中脉有微柔毛，侧脉3~7对，小脉不明显；无柄或叶柄很短。花淡红色或紫色、白色，组成顶生圆锥花序；花萼外面平滑无棱，但鲜时萼筒有微突起短棱，两面无毛，裂片6，三角形，直立，无附属体；花瓣6，皱缩，具长爪；雄蕊36~42，外面6枚着生于花萼上，比其余的长得多；子房3~6室，无毛。蒴果椭圆状球形或阔椭圆形，幼时绿色至黄色，成熟时或干燥时呈紫黑色，室背开裂；种子有翅。花期6~9月，果期9~12月。

产于广东、广西、湖南、福建、江西、浙江、江苏、湖北等地。

【药用价值】树皮、叶及花：强泻剂。根和树皮：用于咯血、吐血、便血。

苎 麻 荨麻科 苎麻属 *Boehmeria nivea* (L.) Gaudich.

【形态与分布】亚灌木或灌木，茎上部与叶柄均密被开展的长硬毛和近开展和贴伏的短糙毛。叶互生；叶片草质，通常圆卵形或宽卵形，少数卵形，顶端骤尖，基部近截形或宽楔形，边缘在基部之上有牙齿，上面稍粗糙，疏被短伏毛，下面密被雪白色毡毛，侧脉约3对；托叶分生，钻状披针形，背面被毛。圆锥花序腋生，或植株上部的为雌性，其下的为雄性，或同一植株的全为雌性，雄团伞花序直径1~3毫米，有少数雄花；雌团伞花序直径0.5~2毫米，有多数密集的雌花。雄花：花被片4，狭椭圆形，合生至中部，顶端急尖，外面有疏柔毛；雄蕊4，花药长约0.6毫米；退化雌蕊狭倒卵球形，长约0.7毫米，顶端有短柱头。雌花：花被椭圆形，顶端有2~3小齿，外面有短柔毛，果期菱状倒披针形，柱头丝形，瘦果近球形，光滑，基部突缩成细柄。花期8~10月。

产于云南、贵州、广西、广东、福建、江西、台湾、浙江、湖北、四川。

【药用价值】根：利尿解热、安胎。叶：止血，用于创伤出血。根、叶并用：用于急性淋浊、尿道炎、出血等症。

白马骨 茜草科 白马骨属 *Serissa serissoides* (DC.) Druce

【形态与分布】小灌木，通常高达1米；枝粗壮，灰色，被短毛，后毛脱落变无毛，嫩枝被微柔毛。叶通常丛生，薄纸质，倒卵形或倒披针形，长1.5~4厘米，宽0.7~1.3厘米，顶端短尖或近短尖，基部收狭成一短柄，除下面被疏毛外，其余无毛；侧脉每边2~3条，上举，在叶片两面均凸起，小脉疏散不明显；托叶具锥形裂片，长2毫米，基部阔，膜质，被疏毛。花无梗，生于小枝顶部，有苞片；苞片膜质，斜方状椭圆形，长渐尖，长约6毫米，具疏散小缘毛；花托无毛；萼檐裂片5，坚挺延伸呈披针状锥形，极尖锐，长4毫米，具缘毛；花冠管长4毫米，外面无毛，喉部被毛，裂片5，长圆状披针形，长2.5毫米；花药内藏，长1.3毫米；花柱柔弱，长约7毫米，2裂，裂片长1.5毫米。花期4~6月。

产于江苏、安徽、浙江、江西、福建、台湾、湖北、广东、香港、广西等地。

【药用价值】祛风、利湿、清热、解毒，用于风湿腰腿痛、痢疾、水肿、目赤肿痛、喉痛、齿痛、妇女白带、痈疽、瘰疬。

六月雪 茜草科 白马骨属 *Serissa japonica* (Thunb.) Thunb.

【形态与分布】小灌木，高60~90厘米，有臭气。叶革质，卵形至倒披针形，长6~22毫米，宽3~6毫米，顶端短尖至长尖，边全缘，无毛；叶柄短。花单生或数朵丛生于小枝顶部或腋生，有被毛、边缘浅波状的苞片；萼檐裂片细小，锥形，被毛；花冠淡红色或白色，长6~12毫米，裂片扩展，顶端3裂；雄蕊突出冠管喉部外；花柱长突出，柱头2，略分开。花期5~7月。

产于江苏、安徽、江西、浙江、福建、广东、香港、广西、四川、云南等地。

【药用价值】全株：健脾利湿、舒肝活血，用于小儿疳积、急慢性肝炎、经闭、白带、风湿腰痛。

【形态与分布】藤本，茎长3~5米，无毛或近无毛。叶对生，纸质或近革质，形状变化很大，卵形、卵状长圆形至披针形，长5~9（15）厘米，宽1~4（6）厘米，顶端急尖或渐尖，基部楔形或近圆或截平，有时浅心形，两面无毛或近无毛，有时下面脉腋内有束毛；侧脉每边4~6条，纤细；叶柄长1.5~7厘米；托叶长3~5毫米，无毛。圆锥花序式的聚伞花序腋生和顶生，扩展，分枝对生，末次分枝上着生的花常呈蝎尾状排列；小苞片披针形，长约2毫米；花具短梗或无；萼管陀螺形，长1~1.2毫米，萼檐裂片5，裂片三角形，长0.8~1毫米；花冠浅紫色，管长7~10毫米，外面被粉末状柔毛，里面被绒毛，顶部5裂，裂片长1~2毫米，顶端急尖而直，花药背着，花丝长短不齐。果球形，成熟时近黄色，有光泽，平滑，直径5~7毫米，顶冠以宿存的萼檐裂片和花盘；小坚果无翅，浅黑色。花期5~7月。

产于云南、贵州、四川、广西、广东、福建、江西、湖南、湖北、安徽、江苏、浙江等地。

【药用价值】祛风利湿、止痛解毒、消食化积、活血消肿，内用于风湿筋骨痛、跌打损伤、外伤性疼痛、肝胆及胃肠绞痛、消化不良、小儿疳积、支气管炎；外用于皮炎、湿疹及疮疡肿毒。

四叶葎 茜草科 拉拉藤属 *Galium bungei* Steud.

【形态与分布】多年生丛生直立草本，有红色丝状根；茎有4棱，不分枝或稍分枝，常无毛或节上有微毛。叶纸质，4片轮生，叶形变化较大，常在同一株内上部与下部的叶形均不同，卵状长圆形、卵状披针形、披针状长圆形或线状披针形，长0.6~3.4厘米，宽2~6毫米，顶端尖或稍钝，基部楔形，中脉和边缘常有刺状硬毛，有时两面亦有糙伏毛，1脉，近无柄或有短柄。聚伞花序顶生和腋生，总花梗纤细；花小；花梗纤细，长1~7毫米；花冠黄绿色或白色，辐状，无毛，花冠裂片卵形或长圆形，长0.6~1毫米。果爿近球状，通常双生，有小疣点、小鳞片或短钩毛，稀无毛；果柄纤细，常比果长。

产于黑龙江、辽宁、内蒙古、河北、山西、陕西、宁夏、甘肃、山东、江苏、安徽、浙江、江西、福建、台湾、河南、湖北、湖南、广东、广西、四川、贵州、云南等地。

【药用价值】清热解毒、利尿、消肿、利尿、止血、消食，内用于尿路感染、赤白带下、痢疾、痈肿、跌打损伤、白带、咳血；外用于蛇头疔。

狭叶四叶葎

茜草科 拉拉藤属 *Galium bungei* Steud. var. *angustifolium* (Loesen.) Cuf.

【形态与分布】多年生丛生直立草本，高5~50厘米，有红色丝状根；茎有4棱，不分枝或稍分枝，常无毛或节上有微毛。叶纸质，4片轮生，叶形变化较大，常在同一株内上部与下部的叶形均不同，卵状长圆形、卵状披针形、披针状长圆形或线状披针形，长0.6~3.4厘米，宽2~6毫米，顶端尖或稍钝，基部楔形，中脉和边缘常有刺状硬毛，有时两面亦有糙伏毛，1脉，近无柄或有短柄。聚伞花序顶生和腋生，稠密或稍疏散，总花梗纤细，常3歧分枝，再形成圆锥状花序；花小；花梗纤细，长1~7毫米；花冠黄绿色或白色，辐状，直径1.4~2毫米，无毛，花冠裂片卵形或长圆形，长0.6~1毫米。果爿近球状，直径1~2毫米，通常双生，有小疣点、小鳞片或短钩毛，稀无毛；果柄纤细，常比果长，长可达9毫米。

产于河北、山西、陕西、甘肃、山东、江苏、安徽、浙江、江西、福建、河南、湖北、湖南、广西、四川、贵州等地。

【药用价值】清热解毒、利尿、止血、消食，用于痢疾、尿路感染、小儿疳积、白带、咳血。

猪殃殃 茜草科 拉拉藤属 *Galium aparine* L. var. *tenerum* (Gren. et Godr.) Rchb.

【形态与分布】多枝、蔓生或攀缘状草本，通常高30~90厘米；茎有4棱角；棱上、叶缘、叶脉上均有倒生的小刺毛。叶纸质或近膜质，6~8片轮生，稀为4~5片，带状倒披针形或长圆状倒披针形，长1~5.5厘米，宽1~7毫米，顶端有针状凸花尖头，基部渐狭，两面常有紧贴的刺状毛，常萎软状，干时常卷缩，1脉，近无柄。聚伞花序腋生或顶生，少至多花，花小，4数，有纤细的花梗；花萼被钩毛，萼檐近截平；花冠黄绿色或白色，辐状，裂片长圆形，长不及1毫米，镊合状排列；子房被毛，花柱2裂至中部，柱头头状。果干燥，有1或2个近球状的分果爿，直径达5.5毫米，肿胀，密被钩毛，果柄直，长可达2.5厘米，较粗，每一爿有1颗平凸的种子。花期3~7月，果期4~11月。叶细齿裂，经常成针状，4~8枚轮生。花小，簇生，绿色、黄色或白色。果坚硬，圆形，两个联生在一起。

除海南及南海诸岛外，全国均有分布。

【药用价值】全草：清热解毒、消肿止痛、利尿、散瘀，用于中耳炎、感冒、尿血、跌打损伤、肠痈、疖肿、牙龈出血、泌尿系感染、水肿、痛经、崩漏、白带、癌症、白血病。

栀　子　茜草科　栀子属　*Gardenia jasminoides* Ellis

【形态与分布】灌木，高0.3~3米；嫩枝圆柱形常被短毛，灰色。叶对生，革质，稀为纸质，叶形通常为长圆状披针形、倒卵状长圆形、倒卵形或椭圆形，长3~25厘米，宽1.5~8厘米，顶端渐尖、骤然长渐尖或短尖而钝，基部楔形或短尖，两面常无毛，上面亮绿，下面色较暗；侧脉8~15对，在下面凸起，在上面平；叶柄长0.2~1厘米；托叶膜质。花常单朵生于枝顶，花梗长3~5毫米；萼管倒圆锥形或卵形，长8~25毫米，有纵棱，萼檐管形，膨大，顶部5~8裂，通常6裂，裂片披针形或线状披针形，长10~30毫米，宽1~4毫米，结果时增长，宿存；花冠白色或乳黄色，高脚碟状，喉部有疏柔毛，冠管狭圆筒形，长3~5厘米，宽4~6毫米，顶部5至8裂，通常6裂，裂片广展，倒卵形或倒卵状长圆形，长1.5~4厘米，宽0.6~2.8厘米；花丝极短，花药线形，长1.5~2.2厘米；花柱粗厚，长约4.5厘米，柱头纺锤形，长1~1.5厘米，宽3~7毫米，子房直径约3毫米，黄色，平滑。果卵形、近球形、椭圆形或长圆形，黄色或橙红色，长1.5~7厘米，直径1.2~2厘米，有翅状纵棱5~9条，顶部的宿存萼片长达4厘米，宽达6毫米；种子多数，扁，近圆形而稍有棱角，长约3.5毫米，宽约3毫米。

产于山东、河南、江苏、安徽、江西、福建、湖北、湖南、广西、海南、四川、河北、陕西和甘肃等地。

【药用价值】清热、泻火、凉血，用于目赤、咽痛、吐血、尿血、热毒疮疡、扭伤肿痛。

火 棘　蔷薇科 火棘属　*Pyracantha fortuneana* (Maxim.) Li

【形态与分布】常绿灌木，先端成刺状，嫩枝外被锈色短柔毛，老枝暗褐色，无毛；芽小，外被短柔毛。叶片倒卵形或倒卵状长圆形，先端圆钝或微凹，有时具短尖头，基部楔形，下延连于叶柄，边缘有钝锯齿，齿尖向内弯，近基部全缘，两面皆无毛；叶柄短，无毛或嫩时有柔毛。花集成复伞房花序，直径3~4厘米，花梗和总花梗近于无毛，花梗长约1厘米；花直径约1厘米；萼筒钟状，无毛；萼片三角卵形，先端钝；花瓣白色，近圆形，长约4毫米，宽约3毫米；雄蕊20，花丝长3~4毫米，药黄色；花柱5，离生，与雄蕊等长，子房上部密生白色柔毛。果实近球形，直径约5毫米，橘红色或深红色。花期3~5月，果期8~11月。

产于陕西、江苏、浙江、福建、湖北、湖南、广西、四川、云南、贵州等地。

【药用价值】果：消积止痢、活血止血，用于消化不良、肠炎、痢疾、小儿疳积、崩漏、白带、产后腹痛。根：清热凉血，用于虚劳骨蒸潮热、肝炎、跌打损伤、筋骨疼痛、腰痛、崩漏、白带、月经不调、吐血、便血。叶：清热解毒。

紫叶李 蔷薇科 李属 *Prunus cerasifera* Ehrhar f. *atropurpurea* (Jacq.) Rehd.

【形态与分布】灌木或小乔木，高可达8米；多分枝，枝条细长，开展，暗灰色，有时有棘刺；小枝暗红色，无毛；冬芽卵圆形，先端急尖，有数枚覆瓦状排列鳞片，紫红色，有时鳞片边缘有稀疏缘毛。叶片椭圆形、卵形或倒卵形，先端急尖，基部楔形或近圆形，边缘有圆钝锯齿，上面深绿色，无毛，中脉微下陷，下面颜色较淡，除沿中脉有柔毛或脉腋有髯毛外，中脉和侧脉均突起，侧脉5~8对，无腺；托叶膜质，披针形，先端渐尖，边有带腺细锯齿，早落。无毛或微被短柔毛；萼筒钟状，萼片长卵形，先端圆钝，边有疏浅锯齿，与萼片近等长，萼筒和萼片外面无毛，萼筒内面有疏生短柔毛；花瓣白色，边缘波状，基部楔形，着生在萼筒边缘；雄蕊25~30，花丝长短不等，紧密地排成不规则2轮；心皮被长柔毛，柱头盘状，花柱比雄蕊稍长，基部被稀长柔毛。核果近球形或椭圆形，微被蜡粉，具有浅侧沟，粘核；核椭圆形或卵球形，先端急尖，浅褐带白色，表面平滑或粗糙或有时呈蜂窝状，背缝具沟。花期4月，果期8月。

产于全国各地。

【药用价值】果：消积止痢、活血止血，用于消化不良、肠炎、小儿疳积、崩漏、白带、产后腹痛。根：清热凉血，用于虚劳骨蒸潮热、肝炎、跌打损伤、筋骨疼痛、腰痛、崩漏、白带、月经不调、吐血、便血。叶：清热解毒，外敷用于疮疡肿毒。

木 瓜　蔷薇科 木瓜属　*Chaenomeles sinensis* (Thouin) Koehne

【形态与分布】灌木或小乔木，高达5~10米，树皮成片状脱落；小枝无刺，圆柱形，幼时被柔毛，不久即脱落，紫红色，二年生枝无毛，紫褐色；冬芽半圆形，先端圆钝，无毛，紫褐色。叶片椭圆卵形或椭圆长圆形，稀倒卵形，长5~8厘米，宽3.5~5.5厘米，先端急尖，基部宽楔形或圆形，边缘有刺芒状尖锐锯齿，齿尖有腺，幼时下面密被黄白色绒毛，不久即脱落无毛；叶柄长5~10毫米，微被柔毛，有腺齿；托叶膜质，卵状披针形，先端渐尖，边缘具腺齿，长约7毫米。花单生于叶腋，花梗短粗，长5~10毫米，无毛；花直径2.5~3厘米；萼筒钟状外面无毛；萼片三角披针形，长6~10毫米，先端渐尖，边缘有腺齿，外面无毛，内面密被浅褐色绒毛，反折；花瓣倒卵形，淡粉红色；雄蕊多数，长不及花瓣之半；花柱3~5，基部合生，被柔毛，柱头头状，有不显明分裂，约与雄蕊等长或稍长。果实长椭圆形，长10~15厘米，暗黄色，木质，味芳香，果梗短。花期4月，果期9~10月。

产于山东、陕西、湖北、江西、安徽、江苏、浙江、广东、广西。

【药用价值】解酒、去痰、顺气、止痢。

皱皮木瓜 蔷薇科 木瓜属 *Chaenomeles speciosa* (Sweet) Nakai

【形态与分布】落叶灌木，高达2米，枝条直立开展，有刺；小枝圆柱形，微屈曲，无毛，紫褐色或黑褐色，有疏生浅褐色皮孔；冬芽三角卵形，先端急尖，近于无毛或在鳞片边缘具短柔毛，紫褐色。叶片卵形至椭圆形，稀长椭圆形，长3~9厘米，宽1.5~5厘米，先端急尖稀圆钝，基部楔形至宽楔形，边缘具有尖锐锯齿，齿尖开展，无毛或在萌蘖上沿下面叶脉有短柔毛；叶柄长约1厘米；托叶大形，草质，肾形或半圆形，稀卵形，长5~10毫米，宽12~20毫米，边缘有尖锐重锯齿，无毛。花先叶开放，3~5朵簇生于二年生老枝上；花梗短粗，长约3毫米或近于无柄；花直径3~5厘米；萼筒钟状，外面无毛；萼片直立，半圆形稀卵形，长3~4毫米。宽4~5毫米，长约萼筒之半，先端圆钝，全缘或有波状齿及黄褐色睫毛；花瓣倒卵形或近圆形，基部延伸成短爪，长10~15毫米，宽8~13毫米，猩红色，稀淡红色或白色；雄蕊45~50，长约花瓣之半；基部合生，无毛或稍有毛，柱头头状，有不显明分裂，约与雄蕊等长。果实球形或卵球形，直径4~6厘米，黄色或带黄绿色，有稀疏不显明斑点，味芳香；萼片脱落，果梗短或近于无梗。花期3~5月，果期9~10月。

产于陕西、甘肃、四川、贵州、云南、广东等地。

【药用价值】祛风、舒筋、活络、镇痛、消肿、顺气，用于排肠肌痉挛、吐泻腹痛、风湿关节痛、腰膝酸痛。

枇 杷 蔷薇科 枇杷属 *Eriobotrya japonica* (Thunb.) Lindl.

【形态与分布】常绿小乔木，高可达10米；小枝粗壮，黄褐色，密生锈色或灰棕色绒毛。叶片革质，披针形、倒披针形、倒卵形或椭圆长圆形，长12~30厘米，宽3~9厘米，先端急尖或渐尖，基部楔形或渐狭成叶柄，上部边缘有疏锯齿，基部全缘，上面光亮，多皱，下面密生灰棕色绒毛，侧脉11~21对；叶柄短或几无柄，长6~10毫米，有灰棕色绒毛；托叶钻形，长1~1.5厘米，先端急尖，有毛。圆锥花序顶生，长10~19厘米，具多花；总花梗和花梗密生锈色绒毛；花梗长2~8毫米；苞片钻形，长2~5毫米，密生锈色绒毛；花直径12~20毫米；萼筒浅杯状，长4~5毫米，萼片三角卵形，长2~3毫米，先端急尖，萼筒及萼片外面有锈色绒毛；花瓣白色，长圆形或卵形，长5~9毫米，宽4~6毫米，基部具爪，有锈色绒毛；雄蕊20，远短于花瓣，花丝基部扩展；花柱5，离生，柱头头状，无毛，子房顶端有锈色柔毛，5室，每室有2胚珠。果实球形或长圆形，直径2~5厘米，黄色或橘黄色，外有锈色柔毛，不久脱落；种子1~5，球形或扁球形，直径1~1.5厘米，褐色，光亮，种皮纸质。花期10~12月，果期5~6月。

产于甘肃、陕西、河南、江苏、安徽、浙江、江西、湖北、湖南、四川、云南、贵州、广西、广东、福建、台湾等地。

【药用价值】叶：化痰止咳、胃降气。

垂丝海棠 蔷薇科 苹果属 *Malus halliana* Koehne

【形态与分布】落叶小乔木，树冠疏散，枝开展。小枝细弱，微弯曲，圆柱形，最初有毛，不久脱落，紫色或紫褐色。冬芽卵形，先端渐尖，无毛或仅在鳞片边缘具柔毛，紫色。叶片卵形或椭圆形至长椭卵形，长3.5~8厘米，宽2.5~4.5厘米，先端长渐尖，基部楔形至近圆形，锯齿细钝或近全缘，质较厚实，表面有光泽。中脉有时具短柔毛，其余部分均无毛，上面深绿色，有光泽并常带紫晕。叶柄长5~25毫米，幼时被稀疏柔毛，老时近于无毛；托叶小，膜质，披针形，内面有毛，早落。伞房花序，花序中常有1~2朵花无雌蕊，具花4~6朵，花梗细弱，长2~4厘米，下垂，有稀疏柔毛，紫色；花直径3~3.5厘米。萼筒外面无毛；萼片三角卵形，长3~5毫米，先端钝，全缘，外面无毛，内面密被绒毛，与萼筒等长或稍短。花瓣倒卵形，基部有短爪，粉红色，常在5数以上。雄蕊20~25，花丝长短不齐，约等于花瓣之半。花柱4或5，较雄蕊为长，基部有长绒毛，顶花有时缺少雌蕊。果实梨形或倒卵形，直径6~8毫米，略带紫色，成熟很迟，萼片脱落。果梗长2~5厘米。花期3~4月，果期9~10月。

产于江苏、浙江、安徽、陕西、四川、云南等地。

【药用价值】调经和血，用于血崩。

西府海棠

蔷薇科 苹果属

Malus micromalus Makino

【形态与分布】小乔木，高达2.5~5米，树枝直立性强；小枝细弱圆柱形，嫩时被短柔毛，老时脱落，紫红色或暗褐色，具稀疏皮孔；冬芽卵形，先端急尖，无毛或仅边缘有绒毛，暗紫色。叶片长椭圆形或椭圆形，长5~10厘米，宽2.5~5厘米，先端急尖或渐尖，基部楔形稀近圆形，边缘有尖锐锯齿，嫩叶被短柔毛，下面较密，老时脱落；叶柄长2~3.5厘米；托叶膜质，线状披针形，先端渐尖，边缘有疏生腺齿，近于无毛，早落。伞形总状花序，有花4~7朵，集生于小枝顶端，花梗长2~3厘米，嫩时被长柔毛，逐渐脱落；苞片膜质，线状披针形，早落；花直径约4厘米；萼筒外面密被白色长绒毛；萼片三角卵形，三角披针形至长卵形，先端急尖或渐尖，全缘，长5~8毫米，内面被白色绒毛，外面较稀疏，萼片与萼筒等长或稍长；花瓣近圆形或长椭圆形，长约1.5厘米，基部有短爪，粉红色；雄蕊约20，花丝长短不等，比花瓣稍短；花柱5，基部具绒毛，约与雄蕊等长。果实近球形，直径1~1.5厘米，红色，萼洼梗洼均下陷，萼片多数脱落，少数宿存。花期4~5月，果期8~9月。

产于辽宁、河北、山西、山东、陕西、甘肃、云南等地。

【药用价值】消炎、清凉、解毒。

野蔷薇　蔷薇科 蔷薇属　*Rosa multiflora* Thunb.

【形态与分布】攀援灌木；小枝圆柱形，通常无毛，有短、粗稍弯曲皮束。小叶5~9，近花序的小叶有时3，连叶柄长5~10厘米；小叶片倒卵形、长圆形或卵形，长1.5~5厘米，宽8~28毫米，先端急尖或圆钝，基部近圆形或楔形，边缘有尖锐单锯齿，稀混有重锯齿，上面无毛，下面有柔毛；小叶柄和叶轴有柔毛或无毛，有散生腺毛；托叶篦齿状，大部贴生于叶柄，边缘有或无腺毛。花多朵，排成圆锥状花序，花梗长1.5~2.5厘米，无毛或有腺毛，有时基部有篦齿状小苞片；花直径1.5~2厘米，萼片披针形，有时中部具2个线形裂片，外面无毛，内面有柔毛；花瓣白色，宽倒卵形，先端微凹，基部楔形；花柱结合成束，无毛，比雄蕊稍长。果近球形，直径6~8毫米，红褐色或紫褐色，有光泽，无毛，萼片脱落。

分布于江苏、山东、河南、湖北等地。

【药用价值】调经和血，用于血崩。

月季花 蔷薇科 蔷薇属 *Rosa chinensis* Jacq.

【形态与分布】直立灌木，小枝粗壮，圆柱形，近无毛，有短粗的钩状皮刺或无刺。小叶3~5，稀7，小叶片宽卵形至卵状长圆形，先端长渐尖或渐尖，基部近圆形或宽楔形，边缘有锐锯齿，两面近无毛，上面暗绿色，常带光泽，下面颜色较浅，顶生小叶片有柄，侧生小叶片近无柄，总叶柄较长，有散生皮刺和腺毛；托叶大部贴生于叶柄，仅顶端分离部分成耳状，边缘常有腺毛。花几朵集生，稀单生，花梗近无毛或有腺毛，萼片卵形，先端尾状渐尖，有时呈叶状，边缘常有羽状裂片，稀全缘，外面无毛，内面密被长柔毛；花瓣重瓣至半重瓣，红色、粉红色至白色，倒卵形，先端有凹缺，基部楔形；花柱离生，伸出萼筒口外，约与雄蕊等长。果卵球形或梨形，红色，萼片脱落。花期4~9月，果期6~11月。

全国均有分布。

【药用价值】花：用于月经不调、痛经、痛疖肿毒。叶：用于跌打损伤。

蛇　莓　蔷薇科 蛇莓属　*Duchesnea indica* (Andr.) Focke

【形态与分布】多年生草本；根茎短，粗壮；匍匐茎多数，长30~100厘米，有柔毛。小叶片倒卵形至菱状长圆形，长2~3.5厘米，宽1~3厘米，先端圆钝，边缘有钝锯齿，两面皆有柔毛，或上面无毛，具小叶柄；叶柄长1~5厘米，有柔毛；托叶窄卵形至宽披针形，长5~8毫米。花单生于叶腋；直径1.5~2.5厘米；花梗长3~6厘米，有柔毛；萼片卵形，长4~6毫米，先端锐尖，外面有散生柔毛；副萼片倒卵形，长5~8毫米，比萼片长，先端常具3~5锯齿；花瓣倒卵形，长5~10毫米，黄色，先端圆钝；雄蕊20~30；心皮多数，离生；花托在果期膨大，海绵质，鲜红色，有光泽，直径10~20毫米，外面有长柔毛。瘦果卵形，长约1.5毫米，光滑或具不显明突起，鲜时有光泽。花期6~8月，果期8~10月。

产于辽宁以南。

【药用价值】全草：散瘀消肿、收敛止血、清热解毒。茎叶：用于疮、蛇咬伤、烫伤、烧伤。果：用于支气管炎。

红叶石楠

蔷薇科 石楠属 *Photinia* × *fraseri* Dress

【形态与分布】常绿灌木，高1~2米，株形紧凑。茎直立，下部绿色，茎上部紫色或红色，多有分枝。叶片革质，长椭圆形至倒卵状披针形，下部叶绿色或带紫色，上部嫩叶鲜红色或紫红色。常绿小乔木，高度可达12米，株形紧凑。春季和秋季新叶亮红色。花期4~5月。梨果红色，能延续至冬季，果期10月。

产于中国华东、中南西南、湖北、北京、天津、山东、河北、陕西等地。

【药用价值】祛风除湿、活血解毒。

石　楠　蔷薇科　石楠属　*Photinia serrulata* Lindl.

【形态与分布】常绿灌木或小乔木，枝褐灰色，无毛；冬芽卵形，鳞片褐色，无毛。叶片革质，长椭圆形、长倒卵形或倒卵状椭圆形，先端尾尖，基部圆形或宽楔形，边缘有疏生具腺细锯齿，近基部全缘，中脉显著，侧脉25~30对；叶柄粗壮，长2~4厘米，幼时有绒毛，以后无毛。复伞房花序顶生；总花梗和花梗无毛，花梗长3~5毫米；花密生，直径6~8毫米；萼片阔三角形，长约1毫米，先端急尖，无毛；花瓣白色，近圆形，内外两面皆无毛；雄蕊20，外轮较花瓣长，内轮较花瓣短，花药带紫色；花柱2，有时为3，基部合生，柱头头状，子房顶端有柔毛。果实球形，红色，后成褐紫色，有1粒种子；种子卵形，长2毫米，棕色，平滑。花期4~5月，果期10月。

产于陕西、甘肃、河南、江苏、安徽、浙江、江西、湖南、湖北、福建、广东、广西、四川、云南、贵州等地。

【药用价值】祛风除湿、活血解毒，用于风痹、历节痛风、头风头痛、腰膝无力、外感咳嗽、疮痈肿痛、跌打损伤，风湿筋骨疼痛。

绯 桃

蔷薇科 桃属 *Amygdalus persica* L. var. *persica* f. *magnifica* Schneid.

【形态与分布】乔木，高3~8米；树冠宽广而平展；树皮暗红褐色，老时粗糙呈鳞片状；小枝细长，无毛，有光泽，绿色，向阳处转变成红色，具大量小皮孔；冬芽圆锥形，顶端钝，外被短柔毛，常2~3个簇生，中间为叶芽，两侧为花芽。叶片长圆披针形、椭圆披针形或倒卵状披针形，先端渐尖，基部宽楔形，上面无毛，下面在脉腋间具少数短柔毛或无毛，叶边具细锯齿或粗锯齿，齿端具腺体或无腺体；叶柄粗壮，长1~2厘米，常具1至数枚腺体，有时无腺体。花单生，先于叶开放，直径2.5~3.5厘米；花梗极短或几无梗；萼筒钟形，被短柔毛，稀几无毛，绿色而具红色斑点；萼片卵形至长圆形，顶端圆钝，外被短柔毛；花瓣长圆状椭圆形至宽倒卵形，粉红色，罕为白色；雄蕊约20~30，花药绯红色；子房被短柔毛。果实形状和大小均有变异，卵形、宽椭圆形或扁圆形，直径5~7厘米，长几与宽相等，色泽变化由淡绿白色至橙黄色，外面密被短柔毛，稀无毛，腹缝明显，果梗短而深入果洼；果肉白色、浅绿白色、黄色、橙黄色或红色，多汁有香味，甜或酸甜；核大，离核或粘核，椭圆形或近圆形，两侧扁平，顶端渐尖，表面具纵、横沟纹和孔穴；种仁味苦，稀味甜。花期3~4月，果实成熟期因品种而异，通常为8~9月。

产于全国各地。

【药用价值】破血、和血、益气。

红花碧桃 蔷薇科 桃属 *Amygdalus persica* 'Rubro-plena'

【形态与分布】落叶小乔木。枝红褐色，有亮光，芽密被灰色绒毛，叶椭圆状披针形，花单生，粉红色、绛红色、大红色。花期4月，果熟期在7~8月。喜夏季高温，喜光耐旱，不耐水湿，有一定的耐寒力。

产于全国各地。

千瓣白桃　蔷薇科 桃属　*Amygdalus persica* 'albo-plena'

【形态与分布】 小灌木，根茎短，粗壮；匍匐茎多数，长30~100厘米，有柔毛。小叶片倒卵形至菱状长圆形，长2~3.5厘米，宽1~3厘米，先端圆钝，边缘有钝锯齿，两面皆有柔毛，或上面无毛，具小叶柄；叶柄长1~5厘米，有柔毛；托叶窄卵形至宽披针形，长5~8毫米。花单生于叶腋；直径1.5~2.5厘米；花梗长3~6厘米，有柔毛；萼片卵形，长4~6毫米，先端锐尖，外面有散生柔毛；副萼片倒卵形，长5~8毫米，比萼片长，先端常具3~5锯齿；花瓣倒卵形，长5~10毫米，黄色，先端圆钝；雄蕊20~30；心皮多数，离生；花托在果期膨大，海绵质，鲜红色，有光泽，直径10~20毫米，外面有长柔毛。瘦果卵形，长约1.5毫米，光滑或具不显明突起，鲜时有光泽。花期6~8月，果期8~10月。

产于辽宁以南。

【药用价值】 全草：散瘀消肿、收敛止血、清热解毒。茎叶：用于疮、蛇咬伤、烫伤、烧伤。果：用于支气管炎。

寿星桃　蔷薇科　桃属　*Amygdalus persica* L. var. Densa Makino

【形态与分布】小灌木，高常不及1.5米；树皮暗红褐色，平滑。枝条节间极缩短，侧芽常3个并生，中间为叶芽，两侧为花芽。叶卵状披针形或矩圆状披针形，长8~12厘米，宽2~3厘米，先端长渐尖，有锯齿，叶片基部有腺体。花单生，粉红色，径2.5~3.5厘米，花梗短，萼紫红或绿色。果卵圆形或扁球形，黄白色或带红晕，径3~7厘米，稀达12厘米；果核有深沟纹和蜂窝状孔穴。花期4~5月；果6~7月成熟。

桃 蔷薇科 桃属 *Amygdalus persica* L.

【形态与分布】乔木，高3~8米；树冠宽广而平展；树皮暗红褐色，老时粗糙呈鳞片状；小枝细长，无毛，有光泽，绿色，向阳处转变成红色，具大量小皮孔；冬芽圆锥形，顶端钝，外被短柔毛，常2~3个簇生，中间为叶芽，两侧为花芽。叶片长圆披针形、椭圆披针形或倒卵状披针形，先端渐尖，基部宽楔形，上面无毛，下面在脉腋间具少数短柔毛或无毛，叶边具细锯齿或粗锯齿，齿端具腺体或无腺体；叶柄粗壮，长1~2厘米，常具1至数枚腺体，有时无腺体。花单生，先于叶开放，花梗极短或几无梗；萼筒钟形，被短柔毛，稀几无毛，绿色而具红色斑点；萼片卵形至长圆形，顶端圆钝，外被短柔毛；花瓣长圆状椭圆形至宽倒卵形，粉红色；雄蕊约20~30，花药绯红色；花柱几与雄蕊等长或稍短；子房被短柔毛。果实形状和大小均有变异，卵形、宽椭圆形或扁圆形，长几与宽相等，色泽变化由淡绿白色至橙黄色，常在向阳面具红晕，外面密被短柔毛，稀无毛，腹缝明显，果梗短而深入果洼；果肉白色、浅绿白色、黄色、橙黄色或红色，多汁有香味，甜或酸甜；种仁味苦，稀味甜。花期3~4月，果实成熟期因品种而异，通常为8~9月。

全国范围均有分布。

【药用价值】用于破血、和血、益气。

翻白草 蔷薇科 委陵菜属 *Potentilla discolor* Bge.

【形态与分布】多年生草本。根粗壮，下部常肥厚呈纺锤形。花茎直立，上升或微铺散，高10~45厘米，密被白色绵毛。基生叶有小叶2~4对，间隔0.8~1.5厘米，连叶柄长4~20厘米，叶柄密被白色绵毛，有时并有长柔毛；小叶对生或互生，无柄，小叶片长圆形或长圆披针形，长1~5厘米，宽0.5~0.8厘米，顶端圆钝，稀急尖，基部楔形、宽楔形或偏斜圆形，边缘具圆钝锯齿，稀急尖，上面暗绿色，被稀疏白色绵毛或脱落几无毛，下面密被白色或灰白色绵毛，脉不显或微显，茎生叶1~2，有掌状3~5小叶；基生叶托叶膜质，褐色，外面被白色长柔毛，茎生叶托叶草质，绿色，卵形或宽卵形，边缘常有缺刻状牙齿，稀全缘，下面密被白色绵毛。聚伞花序有花数朵至多朵，疏散，花梗长1~2.5厘米，外被绵毛；花直径1~2厘米；萼片三角状卵形，副萼片披针形，比萼片短，外面被白色绵毛；花瓣黄色，倒卵形，顶端微凹或圆钝，比萼片长；花柱近顶生。瘦果近肾形，宽约1毫米，光滑。花果期5~9月。

产于黑龙江、辽宁、内蒙古、河北、山西、陕西、山东、河南、江苏、安徽、浙江、江西、湖北、湖南、四川、福建、台湾、广东等地。

【药用价值】解热、消肿、止痢、止血。

梅 蔷薇科 杏属 *Armeniaca mume* Sieb.

【形态与分布】小乔木，稀灌木，高4~10米；树皮浅灰色或带绿色，平滑；小枝绿色，光滑无毛。叶片卵形或椭圆形，长4~8厘米，宽2.5~5厘米，先端尾尖，基部宽楔形至圆形，叶边常具小锐锯齿，灰绿色，幼嫩时两面被短柔毛，成长时逐渐脱落，或仅下面脉腋间具短柔毛；叶柄长1~2厘米，幼时具毛，老时脱落，常有腺体。花单生或有时2朵同生于1芽内，直径2~2.5厘米，香味浓，先于叶开放；花梗短，长约1~3毫米，常无毛；花萼通常红褐色，但有些品种的花萼为绿色或绿紫色；萼筒宽钟形，无毛或有时被短柔毛；萼片卵形或近圆形，先端圆钝；花瓣倒卵形，白色至粉红色；雄蕊短或稍长于花瓣；子房密被柔毛，花柱短或稍长于雄蕊。果实近球形，直径2~3厘米，黄色或绿白色，被柔毛，味酸；果肉与核粘贴；核椭圆形，顶端圆形而有小突尖头，基部渐狭成楔形，两侧微扁，腹棱稍钝，腹面和背棱上均有明显纵沟，表面具蜂窝状孔穴。花期冬春季，果期5~6月（在华北果期延至7~8月）。

产于我国各地。

【药用价值】止咳、止泻、生津、止渴。

绣球绣线菊 蔷薇科 绣线菊属 *Spiraea blumei* G. Don

【形态与分布】灌木，高1~2米；小枝细，开张，稍弯曲，深红褐色或暗灰褐色，无毛；冬芽小，卵形，先端急尖或圆钝，无毛，有数个外露鳞片。叶片菱状卵形至倒卵形，长2~3.5厘米，宽1~1.8厘米，先端圆钝或微尖，基部楔形，边缘自近中部以上有少数圆钝缺刻状锯齿或3~5浅裂，两面无毛，下面浅蓝绿色，基部具有不显明的3脉或羽状脉。伞形花序有总梗，无毛，具花10~25朵；花梗长6~10毫米，无毛；苞片披针形，无毛；花直径5~8毫米；萼筒钟状，外面无毛，内面具短柔毛；萼片三角形或卵状三角形，先端急尖或短渐尖，内面疏生短柔毛；花瓣宽倒卵形，先端微凹，长2~3.5毫米，宽几与长相等，白色；雄蕊18~20，较花瓣短；花盘由8~10个较薄的裂片组成，裂片先端有时微凹；子房无毛或仅在腹部微具短柔毛，花柱短于雄蕊。蓇葖果较直立，无毛，花柱位于背部先端，倾斜开展，萼片直立。花期4~6月，果期8~10月。

产于我国辽宁、河北、山东、山西、河南、安徽、广西等地。

【药用价值】理气镇痛、去瘀生新、解毒。根（麻叶绣球）：调气止痛、散瘀、利湿，用于瘀血、腹胀满、带下病、跌打内伤、疮毒。

插田泡

蔷薇科 悬钩子属 *Rubus coreanus* Miq.

【形态与分布】灌木，高1~3米；枝粗壮，红褐色，被白粉，具近直立或钩状扁平皮刺。小叶通常5枚，稀3枚，卵形、菱状卵形或宽卵形，长3~8厘米，宽2~5厘米，顶端急尖，基部楔形至近圆形，上面无毛或仅沿叶脉有短柔毛，下面被稀疏柔毛或仅沿叶脉被短柔毛，边缘有不整齐粗锯齿或缺刻状粗锯齿，顶生小叶顶端有时3浅裂；叶柄长2~5厘米，顶生小叶柄长1~2厘米，侧生小叶近无柄，与叶轴均被短柔毛和疏生钩状小皮刺；托叶线状披针形，有柔毛。伞房花序生于侧枝顶端，具花数朵至三十几朵，总花梗和花梗均被灰白色短柔毛；花梗长5~10毫米；苞片线形，有短柔毛；花直径7~10毫米；花萼外面被灰白色短柔毛；萼片长卵形至卵状披针形，长4~6毫米，顶端渐尖，边缘具绒毛，花时开展，果时反折；花瓣倒卵形，淡红色至深红色，与萼片近等长或稍短；雄蕊比花瓣短或近等长，花丝带粉红色；雌蕊多数；花柱无毛，子房被稀疏短柔毛。果实近球形，深红色至紫黑色，无毛或近无毛；核具皱纹。

产于陕西、甘肃、河南、江西、湖北、湖南、江苏、浙江、福建、安徽、四川、贵州、新疆等地。

【药用价值】果实：强壮剂。根：止血、止痛。叶：明目。

日本晚樱

蔷薇科 樱属 *Cerasus serrulata* var. *lannesiana* (Carr.) Makino

【形态与分布】落叶小乔木，高3~5米，偶达10米。小枝粗壮、开展，无毛。叶倒卵形或卵状椭圆形，先端长尾状，边缘锯齿长芒状；叶柄上部有1对腺体；新叶红褐色。花大型而芳香，单瓣或重瓣，常下垂，粉红色、白色或黄绿色；2~5朵成伞房状花序；苞片叶状；花序梗、花梗、花萼、苞片均无毛。花期4~5月。分布于全国各地。

【药用价值】花蕾：镇咳祛风。

山樱花 蔷薇科 樱属 *Cerasus serrulata* (Lindl.) G. Don ex London

【形态与分布】乔木，高3~8米，树皮灰褐色或灰黑色。小枝灰白色或淡褐色，无毛。冬芽卵圆形，无毛。叶片卵状椭圆形或倒卵椭圆形，长5~9厘米，宽2.5~5厘米，先端渐尖，基部圆形，边有渐尖单锯齿及重锯齿，齿尖有小腺体，上面深绿色，无毛，下面淡绿色，无毛，有侧脉6~8对；叶柄长1~1.5厘米，无毛，先端有1~3圆形腺体；托叶线形，长5~8毫米，边有腺齿，早落。花序伞房总状或近伞形，有花2~3朵；总苞片褐红色，倒卵长圆形，长约8毫米，宽约4毫米，外面无毛，内面被长柔毛；总梗长5~10毫米，无毛；苞片褐色或淡绿褐色，长5~8毫米，宽2.5~4毫米，边有腺齿；花梗长1.5~2.5厘米，无毛或被极稀疏柔毛；萼筒管状，长5~6毫米，宽2~3毫米，先端扩大，萼片三角披针形，长约5毫米，先端渐尖或急尖；边全缘；花瓣白色，稀粉红色，倒卵形，先端下凹；雄蕊约38枚；花柱无毛。核果球形或卵球形，紫黑色，直径8~10毫米。花期4~5月，果期6~7月。

产于黑龙江、河北、山东、江苏、浙江、安徽、江西、湖南、贵州等地。

【药用价值】花蕾：止咳、平喘、宣肺、润肠、解酒。

沼生栎

壳斗科 栎属 *Quercus palustris* Muench.

【形态与分布】落叶乔木，高达25米。树皮暗灰褐色，略平滑。小枝褐色，无毛。冬芽长卵形，长3~5毫米，无毛，芽鳞暗褐色，多数，覆瓦状排列。叶片卵形或椭圆形，长10~20厘米，宽7~10厘米，顶端渐尖，基部楔形，叶缘每边5~7羽状深裂，裂片具细裂齿，叶面深绿色，叶背淡绿色，无毛或脉腋有簇毛；叶柄长2.5~5厘米，老时无毛。雄花序与叶同时开放，数个簇生；雌花单生或2~3朵生于长约1厘米的总柄上。壳斗杯形，包着坚果1/4~1/3，直径1.5~1.8厘米，高1~1.2厘米；小苞片三角形，紧密覆瓦状排列，无毛而有光泽。坚果长椭圆形，直径约1.5厘米，高2~2.5厘米，淡褐色，被薄绒毛，后渐脱落；顶端圆形，有小柱座；果脐平或微内凹。花期4~5月，果期翌年9月。

产于武汉、辽宁熊岳、北京、山东泰安、青岛。

【药用价值】茎皮：行气，利水。

枸 杞　茄科 枸杞属　*Lycium chinense* Mill.

【形态与分布】多分枝灌木，高0.5~1米，栽培时可达2米多；枝条细弱，弓状弯曲或俯垂，淡灰色，有纵条纹，生叶和花的棘刺较长，小枝顶端锐尖成棘刺状。叶纸质或栽培者质稍厚，单叶互生或2~4枚簇生，卵形、卵状菱形、卵状披针形，顶端急尖，基部楔形，长1.5~5厘米，宽0.5~2.5厘米，栽培者较大，可长达10厘米以上，宽达4厘米；叶柄长0.4~1厘米。花在长枝上单生或双生于叶腋，在短枝上则同叶簇生；花梗长1~2厘米，向顶端渐增粗。花萼长3~4毫米，通常3中裂或4~5齿裂，裂片多少有缘毛；花冠漏斗状，长9~12毫米，淡紫色，筒部向上骤然扩大，稍短于或近等于檐部裂片，裂片卵形，顶端圆钝，平展或稍向外反曲，边缘有缘毛，基部耳显著；雄蕊较花冠稍短，或因花冠裂片外展而伸出花冠，花丝在近基部处密生一圈绒毛并交织成椭圆状的毛丛，与毛丛等高处的花冠筒内壁亦密生一环绒毛；花柱稍伸出雄蕊，上端弓弯，柱头绿色。浆果红色，卵状，栽培者可成长矩圆状或长椭圆状，顶端尖或钝，长7~15毫米，栽培者长可达2.2厘米，直径5~8毫米。种子扁肾脏形，长2.5~3毫米，黄色。花果期6~11月。

产于我国东北、河北、山西、陕西、甘肃南部以及西南、华中、华南和华东等地。

【药用价值】根皮：解热止咳。枸杞叶：补虚益精，清热明目。枸杞子：养肝，滋肾，润肺。

白英 茄科 茄属 *Solanum lyratum* Thunb.

【形态与分布】草质藤本，长0.5~1米，茎及小枝均密被具节长柔毛。叶互生，多数为琴形，长3.5~5.5厘米，宽2.5~4.8厘米，基部常3~5深裂，裂片全缘，侧裂片愈近基部的愈小，端钝，中裂片较大，通常卵形，先端渐尖，两面均被白色发亮的长柔毛，中脉明显，侧脉在下面较清晰，通常每边5~7条；少数在小枝上部的为心脏形，长约1~2厘米；叶柄长约1~3厘米，被有与茎枝相同的毛被。聚伞花序顶生或腋外生，疏花，总花梗长约2~2.5厘米，被具节的长柔毛，花梗长0.8~1.5厘米，无毛，顶端稍膨大，基部具关节；萼环状，直径约3毫米，无毛，萼齿5枚，圆形，顶端具短尖头；花冠蓝紫色或白色，直径约1.1厘米，花冠筒隐于萼内，长约1毫米，冠檐长约6.5毫米，裂片椭圆状披针形，长约4.5毫米，先端被微柔毛；花丝长约1毫米，花药长圆形，长约3毫米，顶孔略向上；子房卵形，直径不及1毫米，花柱丝状，长约6毫米，柱头小，头状。浆果球状，成熟时红黑色，直径约8毫米；种子近盘状，扁平，直径约1.5毫米。花期夏秋，果熟期秋末。

全国范围内均有分布。

【药用价值】全草及根：清热利湿、解毒消肿、抗癌，用于感冒发热、黄疸型肝炎、胆囊炎、胆石症、子宫糜烂、肾炎水肿、子宫颈癌、肺癌、声带癌。

龙葵 茄科 茄属 *Solanum nigrum* L.

【形态与分布】一年生直立草本，高0.25~1米，茎无棱或棱不明显，绿色或紫色，近无毛或被微柔毛。叶卵形，长2.5~10厘米，宽1.5~5.5厘米，先端短尖，基部楔形至阔楔形而下延至叶柄，全缘或每边具不规则的波状粗齿，光滑或两面均被稀疏短柔毛，叶脉每边5~6条，叶柄长约1~2厘米。蝎尾状花序腋外生，由3~6（10）花组成，总花梗长约1~2.5厘米，花梗长约5毫米，近无毛或具短柔毛；萼小，浅杯状，直径约1.5~2毫米，齿卵圆形，先端圆，基部两齿间连接处成角度；花冠白色，筒部隐于萼内，长不及1毫米，冠檐长约2.5毫米，5深裂，裂片卵圆形，长约2毫米；花丝短，花药黄色，长约1.2毫米，约为花丝长度的4倍，顶孔向内；子房卵形，直径约0.5毫米，花柱长约1.5毫米，中部以下被白色绒毛，柱头小，头状。浆果球形，直径约8毫米，熟时黑色。种子多数，近卵形，直径约1.5~2毫米，两侧压扁。

几乎全国均有分布。喜生于田边，荒地及村庄附近。广泛分布于欧、亚、美洲的温带至热带地区。

【药用价值】全株入药，可散瘀消肿，清热解毒。

珊瑚樱　茄科 茄属　*Solanum pseudocapsicum* L.

【形态与分布】直立分枝小灌木，高达2米，全株光滑无毛。叶互生，狭长圆形至披针形，长1~6厘米，宽0.5~1.5厘米，先端尖或钝，基部狭楔形下延成叶柄，边全缘或波状，两面均光滑无毛，中脉在下面凸出，侧脉6~7对，在下面更明显；叶柄长约2~5毫米，与叶片不能截然分开。花多单生，很少成蝎尾状花序，无总花梗或近于无总花梗，腋外生或近对叶生，花梗长约3~4毫米；花小，白色，直径约0.8~1厘米；萼绿色，直径约4毫米，5裂，裂片长约1.5毫米；花冠筒隐于萼内，长不及1毫米，冠檐长约5毫米，裂片5，卵形，长约3.5毫米，宽约2毫米；花丝长不及1毫米，花药黄色，矩圆形，长约2毫米；子房近圆形，直径约1毫米，花柱短，长约2毫米，柱头截形。浆果橙红色，直径1~1.5厘米，萼宿存，果柄长约1厘米，顶端膨大。种子盘状，扁平，直径约2~3毫米。花期初夏，果期秋末。

产于安徽、江西、广东、广西、华北等地。

【药用价值】活血散瘀、消肿止痛，用于腰肌劳损。

苦蘵 茄科 酸浆属 *Physalis angulata* L.

【形态与分布】一年生草本，被疏短柔毛或近无毛，高常30~50厘米；茎多分枝，分枝纤细。叶柄长1~5厘米，叶片卵形至卵状椭圆形，顶端渐尖或急尖，基部阔楔形或楔形，全缘或有不等大的牙齿，两面近无毛，长3~6厘米，宽2~4厘米。花梗长约5~12毫米，纤细和花萼一样生短柔毛，长4~5毫米，5中裂，裂片披针形，生缘毛；花冠淡黄色，喉部常有紫色斑纹，长4~6毫米，直径6~8毫米；花药蓝紫色或有时黄色，长约1.5毫米。果萼卵球状，直径1.5~2.5厘米，薄纸质，浆果直径约1.2厘米。种子圆盘状，长约2毫米。花果期5~12月。

分布于我国华东、华中、华南及西南

【药用价值】镇静、祛痰、清热解毒。

琼 花 忍冬科 荚蒾属 *Viburnum macrocephalum* 'Keteleeri'

【形态与分布】聚伞花序仅周围具大型的不孕花，花冠直径3~4.2厘米，裂片倒卵形或近圆形，顶端常凹缺；可孕花的萼齿卵形，长约1毫米，花冠白色，辐状，直径7~10毫米，裂片宽卵形，长约2.5毫米，筒部长约1.5毫米，雄蕊稍高出花冠，花药近圆形，长约1毫米。果实红色而后变黑色，椭圆形，长约12毫米；核扁，矩圆形至宽椭圆形，长10~12毫米，直径6~8毫米，有2条浅背沟和3条浅腹沟。花期4月，果熟期9~10月。

产于江苏、安徽、浙江、江西、湖北、湖南等地。

【药用价值】茎：祛湿止痒、清热消炎、解毒。枝、叶、果：通经络、解毒止痒。

珊瑚树 忍冬科 荚蒾属 *Viburnum odoratissimum* Ker-Gawl.

【形态与分布】珊瑚树为常绿灌木或小乔木，高达10~15 米；枝灰色或灰褐色，有凸起的小瘤状皮孔，无毛或有时稍被褐色簇状毛。冬芽有1~2对卵状披针形的鳞片。叶革质，椭圆形至矩圆形或矩圆状倒卵形至倒卵形，有时近圆形，长7~20厘米，顶端短尖至渐尖而钝头，有时钝形至近圆形，基部宽楔形，稀圆形，边缘上部有不规则浅波状锯齿或近全缘，上面深绿色有光泽，两面无毛或脉上散生簇状微毛，下面有时散生暗红色微腺点，脉腋常有集聚簇状毛和趾蹼状小孔，侧脉5~6对，弧形，近缘前互相网结，连同中脉下面凸起而显著；叶柄1~2 厘米，无毛或被簇状微毛。圆锥花序顶生或生于侧生短枝上，宽尖塔形，无毛或散生簇状毛，总花梗长可达10厘米，扁，有淡黄色小瘤状突起；萼筒筒状钟形，无毛，萼檐碟状，齿宽三角形；花冠白色，后变黄白色，有时微红，辐状，直径约7毫米，筒长约2毫米，裂片反折，圆卵形，顶端圆；雄蕊略超出花冠裂片，花药黄色，矩圆形，长近2毫米；柱头头状，不高出萼齿。果实先红色后变黑色，卵圆形或卵状椭圆形；核卵状椭圆形，浑圆，有1条深腹沟。花期4~5月，果熟期7~9月。

产于福建东南部、湖南南部、广东、海南、广西等地。

【药用价值】根、树皮、叶（沙糖木）：清热祛湿、通经活络、拔毒生肌，用于感冒、跌打损伤、骨折。

接骨草　忍冬科　接骨木属　*Sambucus chinensis* Lindl.

【形态与分布】高大草本或半灌木，高1~2米；茎有棱条，髓部白色。羽状复叶的托叶叶状或有时退化成蓝色的腺体；小叶2~3对，互生或对生，狭卵形，长6~13厘米，宽2~3厘米，嫩时上面被疏长柔毛，先端长渐尖，基部钝圆，两侧不等，边缘具细锯齿，近基部或中部以下边缘常有1或数枚腺齿；顶生小叶卵形或倒卵形，基部楔形，有时与第一对小叶相连，小叶无托叶，基部一对小叶有时有短柄。复伞形花序顶生，大而疏散，总花梗基部托以叶状总苞片，分枝3~5出，纤细，被黄色疏柔毛；杯形不孕性花不脱落，可孕性花小；萼筒杯状，萼齿三角形；花冠白色，仅基部联合，花药黄色或紫色；子房3室，花柱极短或几无，柱头3裂。果实红色，近圆形，直径3~4毫米；核2~3粒，卵形，长2.5毫米，表面有小疣状突起。花期4~5月，果熟期8~9月。

产于陕西、甘肃、江苏、安徽、浙江、江西、福建、台湾、河南、湖北、湖南、广东、广西、四川、贵州、云南、西藏等地。

【药用价值】风湿、通经活血、解毒消炎，用于跌打损伤。

锦带花　忍冬科 锦带花属　*Weigela florida* (Bunge) A. DC.

【形态与分布】落叶灌木，高达1~3米；幼枝稍四方形，有2列短柔毛；树皮灰色。芽顶端尖，具3~4对鳞片，常光滑。叶矩圆形、椭圆形至倒卵状椭圆形，长5~10厘米，顶端渐尖，基部阔楔形至圆形，边缘有锯齿，上面疏生短柔毛，脉上毛较密，下面密生短柔毛或绒毛，具短柄至无柄。花单生或成聚伞花序生于侧生短枝的叶腋或枝顶；萼筒长圆柱形，疏被柔毛，萼齿长约1厘米，不等，深达萼檐中部；花冠紫红色或玫瑰红色，长3~4厘米，直径2厘米，外面疏生短柔毛，裂片不整齐，开展，内面浅红色；花丝短于花冠，花药黄色；子房上部的腺体黄绿色，花柱细长，柱头2裂。果实长1.5~2.5厘米，顶有短柄状喙，疏生柔毛；种子无翅。花期4~6月。

产于黑龙江、吉林、辽宁、内蒙古、山西、陕西、河南、山东北部、江苏北部等地。

忍 冬

忍冬科 忍冬属 *Lonicera japonica* Thunb.

【形态与分布】半常绿藤本；幼枝橘红褐色，密被黄褐色、开展的硬直糙毛、腺毛和短柔毛，下部常无毛。叶纸质，卵形至矩圆状卵形，有时卵状披针形，稀圆卵形或倒卵形，极少有1至数个钝缺刻，长3~5厘米，顶端尖或渐尖，少有钝、圆或微凹缺，基部圆或近心形，有糙缘毛，上面深绿色，下面淡绿色，小枝上部叶通常两面均密被短糙毛，下部叶常平滑无毛而下面多少带青灰色；叶柄长4~8毫米，密被短柔毛。总花梗通常单生于小枝上部叶腋，与叶柄等长或稍较短，下方者则长达2~4厘米，密被短柔后，并夹杂腺毛；苞片大，叶状，卵形至椭圆形，长达2~3厘米，两面均有短柔毛或有时近无毛；小苞片顶端圆形或截形，长约1毫米，为萼筒的1/2~4/5，有短糙毛和腺毛；萼筒长约2毫米，无毛，萼齿卵状三角形或长三角形，顶端尖而有长毛，外面和边缘都有密毛；花冠白色，长3~4.5厘米，唇形，筒稍长于唇瓣，很少近等长，外被多少倒生的开展或半开展糙毛和长腺毛，上唇裂片顶端钝形，下唇带状而反曲；雄蕊和花柱均高出花冠。果实圆形，直径6~7毫米，熟时蓝黑色，有光泽；种子卵圆形或椭圆形，褐色，长约3毫米，中部有1凸起的脊，两侧有浅的横沟纹。花期4~6月（秋季亦常开花），果熟期10~11月。

全国各地均有分布。

【药用价值】清热、解毒、通络，用于温病发热、热毒血痢、传染性肝炎、痈肿疮毒、筋骨疼痛。

郁香忍冬

忍冬科 忍冬属　*Lonicera fragrantissima* Lindl. et Paxt.

【形态与分布】半常绿或有时落叶灌木，高达2米；幼枝无毛或疏被倒刚毛，间或夹杂短腺毛，毛脱落后留有小瘤状突起，老枝灰褐色。冬芽有1对顶端尖的外鳞片，将内鳞片盖没。叶厚纸质或带革质，形态变异很大，从倒卵状椭圆形、椭圆形、圆卵形、卵形至卵状矩圆形，长3~7厘米，顶端短尖或具凸尖，基部圆形或阔楔形，两面无毛或仅下面中脉有少数刚伏毛，更或仅下面基部中脉两侧有稍弯短糙毛，有时上面中脉有伏毛，边缘多少有硬睫毛或几无毛；叶柄长2~5毫米，有刚毛。花先于叶或与叶同时开放，芳香，生于幼枝基部苞腋，总花梗长 5~10毫米；苞片披针形至近条形，长约为萼筒的2~4倍；相邻两萼筒约连合至中部，长1.5~3毫米，萼檐近截形或微5裂；花冠白色或淡红色，长1~1.5厘米，外面无毛或稀有疏糙毛，唇形，筒长4~5毫米，内面密生柔毛，基部有浅囊，上唇长7~8毫米，裂片深达中部，下唇舌状，长8~10毫米，反曲；雄蕊内藏，花丝长短不一；花柱无毛。果实鲜红色，矩圆形，长约1厘米，部分连合；种子褐色，稍扁，矩圆形，长约3.5毫米，有细凹点。

产于河北南部、河南西南部、湖北西部、安徽南部、浙江东部及江西北部。

【药用价值】祛风除湿、清热止痛，用于风湿关节痛、劳伤、疔疮。

蕺 菜 三白草科 蕺菜属 *Houttuynia cordata* Thunb.

【形态与分布】腥臭草本，高30~60厘米；茎下部伏地，节上轮生小根，上部直立，无毛或节上被毛，有时带紫红色。叶薄纸质，有腺点，背面尤甚，卵形或阔卵形，长4~10厘米，宽2.5~6厘米，顶端短渐尖，基部心形，两面有时除叶脉被毛外余均无毛，背面常呈紫红色；叶脉5~7条，全部基出或最内1对离基约5毫米从中脉发出，如为7脉时，则最外1对很纤细或不明显；叶柄长1~3.5厘米，无毛；托叶膜质，长1~2.5厘米，顶端钝，下部与叶柄合生而成长8~20毫米的鞘，且常有缘毛，基部扩大，略抱茎。花序长约2厘米，宽5~6毫米；总花梗长1.5~3厘米，无毛；总苞片长圆形或倒卵形，长10~15毫米，宽5~7毫米，顶端钝圆；雄蕊长于子房，花丝长为花药的3倍。蒴果长2~3毫米，顶端有宿存的花柱。花期4~7月。

产于我国中部、东南至西南部等地。

【药用价值】清热解毒、利尿消肿，用于尿疮、热毒肿痛、痔疮脱肛、疟疾。

积雪草　伞形科　积雪草属　*Centella asiatica* (L.) Urban

【形态与分布】多年生草本，茎匍匐，细长，节上生根。叶片膜质至草质，圆形、肾形或马蹄形，长1~2.8厘米，宽1.5~5厘米，边缘有钝锯齿，基部阔心形，两面无毛或在背面脉上疏生柔毛；掌状脉5~7，两面隆起，脉上部分叉；叶柄长1.5~27厘米，无毛或上部有柔毛，基部叶鞘透明，膜质。伞形花序梗2~4个，聚生于叶腋，长0.2~1.5厘米，有或无毛；苞片通常2，很少3，卵形，膜质，长3~4毫米，宽2.1~3毫米；每一伞形花序有花3~4，聚集呈头状，花无柄或有1毫米长的短柄；花瓣卵形，紫红色或乳白色，膜质，长1.2~1.5毫米，宽1.1~1.2毫米；花柱长约0.6毫米；花丝短于花瓣，与花柱等长。果实两侧扁压，圆球形，基部心形至平截形，长2.1~3毫米，宽2.2~3.6毫米，每侧有纵棱数条，棱间有明显的小横脉，网状，表面有毛或平滑。花果期4~10月。

产于陕西、江苏、安徽、浙江、江西、湖南、湖北、福建、台湾、广东、广西、海南、四川、云南等地。

【药用价值】清热利湿、消肿解毒，用于痧气腹痛、暑泻、痢疾、湿热黄疸、目赤、喉肿、风疹、疥癣、疔痈肿毒、跌打损伤。

窃衣 伞形科 窃衣属 *Torilis scabra* (Thunb.) DC.

【形态与分布】一年生或多年生草本，高10~70厘米。全株有贴生短硬毛。茎单生，有分枝，有细直纹和刺毛。叶卵形，一至二回羽状分裂，小叶片披针状卵形，羽状深裂，末回裂片披针形至长圆形，长2~10毫米，宽2~5毫米，边缘有条裂状粗齿至缺刻或分裂。复伞形花序顶生和腋生，花序梗长2~8厘米；总苞片通常无，很少1，钻形或线形；小总苞片5~8，钻形或线形；小伞形花序有花4~12；萼齿细小，三角状披针形，花瓣白色，倒圆卵形，先端内折；花柱基圆锥状，花柱向外反曲。果实长圆形，长4~7毫米，宽2~3毫米，有内弯或呈钩状的皮刺，粗糙，每棱槽下方有油管1。花、果期4~10月。

产于陕西、甘肃、江苏、安徽、浙江、江西、福建、台湾、湖北、湖南、广东、广西、四川、贵州等地。

【药用价值】活血消肿、杀虫止泻、收湿止痒，用于虫积腹痛、泻痢、疮疡溃烂、阴痒带下、阴道滴虫、风湿疹。

细叶旱芹 伞形科 芹属 *Apium leptophyllum* (Pers.) F. Muell.

【形态与分布】一年生草本，高25~45厘米。茎多分枝，光滑。根生叶有柄，柄长2~5 (11)厘米，基部边缘略扩大成膜质叶鞘；叶片轮廓呈长圆形至长圆状卵形，长2~10厘米，宽2~8厘米，三至四回羽状多裂，裂片线形至丝状；茎生叶通常三出式羽状多裂，裂片线形，长10~15毫米。复伞形花序顶生或腋生，通常无梗或少有短梗，无总苞片和小总苞片；伞辐2~3（5），长1~2厘米，无毛；小伞形花序有花5~23，花柄不等长；无萼齿；花瓣白色、绿白色或略带粉红色，卵圆形，长约0.8毫米，宽0.6毫米，顶端内折，有中脉1条；花丝短于花瓣，很少与花瓣同长，花药近圆形，长约0.1毫米；花柱基扁压，花柱极短。果实圆心脏形或圆卵形，长、宽约1.5~2毫米，分生果的棱5条，圆钝；胚乳腹面平直，每棱槽内有油管1，合生面油管2。心皮柄顶端2浅裂。花期5月，果期6~7月。

产于江苏、福建、台湾、广东等地。

【药用价值】平肝，清热，祛风，利水，止血，解毒。

天胡荽 伞形科 天胡荽属 *Hydrocotyle sibthorpioides* Lam.

【形态与分布】多年生草本，有气味。茎细长而匍匐，平铺地上成片，节上生根。叶片膜质至草质，圆形或肾圆形，长0.5~1.5厘米，宽0.8~2.5厘米，基部心形，两耳有时相接，不分裂或5~7裂，裂片阔倒卵形，边缘有钝齿，表面光滑，背面脉上疏被粗伏毛，有时两面光滑或密被柔毛；叶柄长0.7~9厘米，无毛或顶端有毛；托叶略呈半圆形，薄膜质，全缘或稍有浅裂。伞形花序与叶对生，单生于节上；花序梗纤细，长0.5~3.5厘米，短于叶柄1~3.5倍；小总苞片卵形至卵状披针形，长1~1.5毫米，膜质，有黄色透明腺点，背部有1条不明显的脉；小伞形花序有花5~18，花无柄或有极短的柄，花瓣卵形，长约1.2毫米，绿白色，有腺点；花丝与花瓣同长或稍超出，花药卵形；花柱长0.6~1毫米。果实略呈心形，长1~1.4毫米，宽1.2~2毫米，两侧扁压，中棱在果熟时极为隆起，成熟时有紫色斑点。花果期4~9月。

产于陕西、江苏、安徽、浙江、江西、湖南、湖北、广西、四川、贵州、云南等地。

【药用价值】清热、利尿、消肿、解毒，用于黄疸、赤白痢疾、目翳、喉肿。

构 树　桑科 构属　*Broussonetia papyrifera* (L.) L'Hér. ex Vent.

【形态与分布】叶螺旋状排列，广卵形至长椭圆状卵形，长6~18厘米，宽5~9厘米，先端渐尖，基部心形，两侧常不相等，边缘具粗锯齿，不分裂或3~5裂，疏生糙毛，背面密被绒毛，基生叶脉三出，侧脉6~7对；托叶大，卵形，狭渐尖，长1.5~2厘米，宽0.8~1厘米。花雌雄异株；雄花序为柔荑花序，粗壮，长3~8厘米，苞片披针形，被毛，花被4裂，裂片三角状卵形，被毛，雄蕊4，花药近球形，退化雌蕊小；雌花序球形头状，苞片棍棒状，顶端被毛，花被管状，顶端与花柱紧贴，子房卵圆形，柱头线形，被毛。聚花果直径1.5~3厘米，成熟时橙红色，肉质；瘦果具等长的柄，表面有小瘤，龙骨双层，外果皮壳质。花期4~5月，果期6~7月。

全国各地均有分布。

【药用价值】皮：利尿消肿、祛风湿，用于水肿、筋骨酸痛。叶：清热、凉血、利湿、杀虫，用于鼻衄、肠炎、痢疾。子：补肾、强筋骨、明目、利尿，用于腰膝酸软、肾虚目昏、阳痿、水肿。乳：利水消肿解毒，用于水肿癣疾及蛇、虫、蜂、蝎、狗咬。

葎草 桑科 葎草属 *Humulus scandens* (Lour.) Merr.

【形态与分布】缠绕草本，茎、枝、叶柄均具倒钩刺。叶纸质，肾状五角形，掌状5~7深裂稀为3裂，长宽约7~10厘米，基部心脏形，表面粗糙，疏生糙伏毛，背面有柔毛和黄色腺体，裂片卵状三角形，边缘具锯齿；叶柄长5~10厘米。雄花小，黄绿色，圆锥花序，长约15~25厘米；雌花序球果状，径约5毫米，苞片纸质，三角形，顶端渐尖，具白色绒毛；子房为苞片包围，柱头2，伸出苞片外。瘦果成熟时露出苞片外。花期春夏，果期秋季。

除新疆、青海外，全国各地均有分布。

【药用价值】清热解毒、利尿消肿，用于肺结核潮热、肠胃炎、痢疾、感冒发热、小便不利、肾盂肾炎、急性肾炎、膀胱炎、泌尿系结石；外用于痈疖肿毒、湿疹、毒蛇咬伤。

无花果 桑科 榕属 *Ficus carica* L.

【形态与分布】落叶灌木，高3~10米，多分枝；树皮灰褐色，皮孔明显；小枝直立，粗壮。叶互生，厚纸质，广卵圆形，长宽近相等，10~20厘米，通常3~5裂，小裂片卵形，边缘具不规则钝齿，表面粗糙，背面密生细小钟乳体及灰色短柔毛，基部浅心形，基生侧脉3~5条，侧脉5~7对；叶柄长2~5厘米，粗壮；托叶卵状披针形，长约1厘米，红色。雌雄异株，雄花和瘿花同生于一榕果内壁，雄花生内壁口部，花被片4~5，雄蕊3，有时1或5，瘿花花柱侧生，短；雌花花被与雄花同，子房卵圆形，光滑，花柱侧生，柱头2裂，线形。榕果单生叶腋，大而梨形，直径3~5厘米，顶部下陷，成熟时紫红色或黄色，基生苞片3，卵形；瘦果透镜状。花果期5~7月。

全国各地均有分布。

【药用价值】健胃清肠、消肿解毒、利咽喉、开胃驱虫，用于肠炎、痢疾、便秘、痔疮、喉痛、痈疮疥癣、食欲不振、脘腹胀痛、痔疮便秘、消化不良、痔疮、脱肛、腹泻、乳汁不足、咽喉肿痛、热痢、咳嗽多痰等症。

桑　桑科 桑属　*Morus alba* L.

【形态与分布】乔木或为灌木，高3~10米或更高，胸径可达50厘米，树皮厚，灰色，具不规则浅纵裂；冬芽红褐色，卵形，芽鳞覆瓦状排列，灰褐色，有细毛；小枝有细毛。叶卵形或广卵形，长5~15厘米，宽5~12厘米，先端急尖、渐尖或圆钝，基部圆形至浅心形，边缘锯齿粗钝，有时叶为各种分裂，表面鲜绿色，无毛，背面沿脉有疏毛，脉腋有簇毛；叶柄长1.5~5.5厘米，具柔毛；托叶披针形，早落，外面密被细硬毛。花单性，腋生或生于芽鳞腋内，与叶同时生出；雄花序下垂，长2~3.5厘米，密被白色柔毛，雄花。花被片宽椭圆形，淡绿色。花丝在芽时内折，花药2室，球形至肾形，纵裂；雌花序长1~2厘米，被毛，总花梗长5~10毫米被柔毛，雌花无梗，花被片倒卵形，顶端圆钝，外面和边缘被毛，两侧紧抱子房，无花柱，柱头2裂，内面有乳头状突起。聚花果卵状椭圆形，长1~2.5厘米，成熟时红色或暗紫色。花期4~5月，果期5~8月。

产于东北至西南、西北直至新疆等地。

【药用价值】叶：疏散风热、清肺、明目，用于风热感冒、发热头痛、咳嗽胸痛、肺燥干咳无痰、咽干口渴、风热及肝阳上扰、目赤肿痛。

茶 山茶科 山茶属 *Camellia sinensis* (L.) O. Ktze.

【形态与分布】灌木或小乔木，嫩枝无毛。叶革质，长圆形或椭圆形，长4~12厘米，宽2~5厘米，先端钝或尖锐，基部楔形，上面发亮，下面无毛或初时有柔毛，侧脉5~7对，边缘有锯齿，叶柄长3~8毫米，无毛。花1~3朵腋生，白色，花柄长4~6毫米，有时稍长；苞片2片，早落；萼片5片，阔卵形至圆形，长3~4毫米，无毛，宿存；花瓣5~6片，阔卵形，长1~1.6厘米，基部略连合，背面无毛，有时有短柔毛；雄蕊长8~13毫米，基部连生1~2毫米；子房密生白毛；花柱无毛，先端3裂，裂片长2~4毫米。蒴果3球形或1~2球形，高1.1~1.5厘米，每球有种子1~2粒。花期10月至翌年2月。

产于山东、江苏、浙江、福建、台湾、江西、安徽、河南、湖北、四川、云南、贵州、湖南、广西、广东等地。

【药用价值】叶：清头目，除烦渴，消食化痰，利尿解毒。根：强心利尿，活血调经，清热解毒。花：清肺平肝，主治鼻衄、高血压。

茶梅 山茶科 山茶属 *Camellia sasanqua* Thunb.

【形态与分布】小乔木，嫩枝有毛。叶革质，椭圆形，长3~5厘米，宽2~3厘米，先端短尖，基部楔形，有时略圆，上面干后深绿色，发亮，下面褐绿色，无毛，侧脉5~6对，在上面不明显，在下面能见，网脉不显著；边缘有细锯齿，叶柄长4~6毫米，稍被残毛。花大小不一，直径4~7厘米；苞及萼片6~7，被柔毛；花瓣6~7片，阔倒卵形，近离生，大小不一，最大的长5厘米，宽6厘米，红色；雄蕊离生，长1.5~2厘米，子房被茸毛，花柱长1~1.3厘米，3深裂几及离部。蒴果球形，宽1.5~2厘米，1~3室，果爿3裂，种子褐色，无毛。

产于江苏、浙江、福建、广东等地。

山茶 山茶科 山茶属 *Camellia japonica* L.

【形态与分布】灌木或小乔木，嫩枝无毛。叶革质，长圆形或椭圆形，长4~12厘米，宽2~5厘米，先端钝或尖锐，基部楔形，上面发亮，下面无毛或初时有柔毛，侧脉5~7对，边缘有锯齿，叶柄长3~8毫米，无毛。花1~3朵，腋生，白色，花柄长4~6毫米，有时稍长；苞片2片，早落；萼片5片，阔卵形至圆形，长3~4毫米，无毛，宿存；花瓣5~6片，阔卵形，长1~1.6厘米，基部略连合，背面无毛，有时有短柔毛；雄蕊长8~13毫米，基部连生1~2毫米；子房密生白毛；花柱无毛，先端3裂，裂片长2~4毫米。蒴果3球形或1~2球形，高1.1~1.5厘米，每球有种子1~2粒。花期1~4月。

野生种遍见于长江以南各省的山区，为小乔木状，叶片较大，长常超过10厘米，长期以来，经广泛栽培，毛被及叶形变化很大。全国各地均有分布。

【药用价值】花：凉血止血，散瘀消肿。根：散瘀消肿，消食。叶：清热解毒，止血。果实：去油垢，润肤解毒。

油 茶 山茶科 山茶属 *Camellia oleifera* Abel.

【形态与分布】灌木或中乔木；嫩枝有粗毛。叶革质，椭圆形、长圆形或倒卵形，先端尖而有钝头，有时渐尖或钝，基部楔形，上面深绿色，发亮，中脉有粗毛或柔毛，下面浅绿色，无毛或中脉有长毛，侧脉在上面能见，在下面不很明显，边缘有细锯齿，有时具钝齿，叶柄有粗毛。花顶生，近于无柄，苞片与萼片约10片，由外向内逐渐增大，阔卵形，背面有贴紧柔毛或绢毛，花后脱落，花瓣白色，5~7片，倒卵形，有时较短或更长，先端凹入或2裂，基部狭窄，近于离生，背面有丝毛，至少在最外侧的有丝毛；雄蕊长1~1.5厘米，外侧雄蕊仅基部略连生，偶有花丝管长达7毫米的，无毛，花药黄色，背部着生；子房有黄长毛，3~5室，花柱长约1厘米，无毛，先端不同程度3裂。蒴果球形或卵圆形，直径2~4厘米，3室或1室，3爿或2爿裂开，每室有种子1粒或2粒，苞片及萼片脱落后留下的果柄长3~5毫米，粗大，有环状短节。花期冬春间。

产于长江流域到华南等地。

【药用价值】种子：行气，润肠，杀虫。叶：收敛止血，解毒。花：凉血，止血。油：清热解毒，润肠杀虫。

花叶青木

山茱萸科 桃叶珊瑚属 *Aucuba japonica* Thunb. var. *variegata* D'ombr.

【形态与分布】常绿灌木，高可达1~1.5米。丛生，树冠球形。树皮初时绿色，平滑，后转为灰绿色。叶对生，肉革质，矩圆形，缘疏生粗齿牙，两面油绿而富光泽，叶面黄斑累累，酷似洒金，有大小不等的黄色或淡黄色斑点。花单性，雌雄异株，为顶生圆锥花序，花紫褐色。核果长圆形。

产于长江中下游等地。

商陆 商陆科 商陆属 *Phytolacca acinosa* Roxb.

【形态与分布】多年生草本，高0.5~1.5米，全株无毛。根肥大，肉质，倒圆锥形，外皮淡黄色或灰褐色，内面黄白色。茎直立，圆柱形，有纵沟，肉质，绿色或红紫色，多分枝。叶片薄纸质，椭圆形、长椭圆形或披针状椭圆形，长10~30厘米，宽4.5~15厘米，顶端急尖或渐尖，基部楔形，渐狭，两面散生细小白色斑点（针晶体），背面中脉凸起；叶柄长1.5~3厘米，粗壮，上面有槽，下面半圆形，基部稍扁宽。总状花序顶生或与叶对生，圆柱状，直立，通常比叶短，密生多花；花序梗长1~4厘米；花梗基部的苞片线形，长约1.5毫米，上部2枚小苞片线状披针形，均膜质；花梗细，长6~10毫米，基部变粗；花两性，直径约8毫米；花被片5，白色、黄绿色，椭圆形、卵形或长圆形，顶端圆钝，长3~4毫米，宽约2毫米，大小相等，花后常反折；雄蕊8~10，与花被片近等长，花丝白色，钻形，基部成片状，宿存，花药椭圆形，粉红色；心皮通常为8，有时少至5或多至10，分离；花柱短，直立，顶端下弯，柱头不明显。浆果扁球形，直径约7毫米，熟时黑色；种子肾形，黑色，长约3毫米，具3棱。

产于西南至东北等地。

【药用价值】根：通二便、逐水、散结、治水肿、胀满、脚气、喉痹；外敷用于痈肿疮毒。

蔊 菜 十字花科 蔊菜属 *Rorippa indica* (L.) Hiern.

【形态与分布】一年生或二年生直立草本，高20~40厘米，植株较粗壮，无毛或具疏毛。茎单一或分枝，表面具纵沟。叶互生，基生叶及茎下部叶具长柄，叶形多变化，通常大头羽状分裂，长4~10厘米，宽1.5~2.5厘米，顶端裂片大，卵状披针形，边缘具不整齐牙齿，侧裂片1~5对；茎上部叶片宽披针形或匙形，边缘具疏齿，具短柄或基部耳状抱茎。总状花序顶生或侧生，花小，多数，具细花梗；萼片4，卵状长圆形，长3~4毫米；花瓣4，黄色，匙形，基部渐狭成短爪，与萼片近等长；雄蕊6，2枚稍短。长角果线状圆柱形，短而粗，长1~2厘米，宽1~1.5毫米，直立或稍内弯，成熟时果瓣隆起；果梗纤细，长3~5毫米，斜升或近水平开展。种子每室2行，多数，细小，卵圆形而扁，一端微凹，表面褐色，具细网纹；子叶缘倚胚根。花期4~6月，果期6~8月。

产于山东、河南、江苏、浙江、福建、台湾、湖南、江西、广东、陕西、甘肃、四川、云南。

【药用价值】解表健胃、止咳化痰、清热解毒、散热消肿，用于痈肿疮毒。

【形态与分布】一年生或二年生草本，高10~50厘米，无毛、有单毛或分叉毛；茎直立，单一或从下部分枝。基生叶丛生呈莲座状，大头羽状分裂，长可达12厘米，宽可达2.5厘米，顶裂片卵形至长圆形，长5~30毫米，宽2~20毫米，侧裂片3~8对，长圆形至卵形，长5~15毫米，顶端渐尖，浅裂或有不规则粗锯齿或近全缘，叶柄长5~40毫米；茎生叶窄披针形或披针形，长5~6.5毫米，宽2~15毫米，基部箭形，抱茎，边缘有缺刻或锯齿。总状花序顶生及腋生，果期延长达20厘米；花梗长3~8毫米；萼片长圆形，长1.5~2毫米；花瓣白色，卵形，长2~3毫米，有短爪。短角果倒三角形或倒心状三角形，长5~8毫米，宽4~7毫米，扁平，无毛，顶端微凹，裂瓣具网脉；花柱长约0.5毫米；果梗长5~15毫米。种子2行，长椭圆形，长约1毫米，浅褐色。花果期4~6月。

全国各地均有分布。

【药用价值】和脾、利水、止血、明目，用于治疗痢疾、水肿、淋病、乳糜尿、吐血、便血、血崩、月经过多、目赤肿痛等。

碎米荠 十字花科 碎米荠属 *Cardamine hirsuta* L.

【形态与分布】一年生小草本，高15~35厘米。茎直立或斜升，分枝或不分枝，下部有时淡紫色，被较密柔毛，上部毛渐少。基生叶具叶柄，有小叶2~5对，顶生小叶肾形或肾圆形，长4~10毫米，宽5~13毫米，边缘有3~5圆齿，小叶柄明显，侧生小叶卵形或圆形，较顶生的形小，基部楔形而两侧稍歪斜，边缘有2~3圆齿，有或无小叶柄；茎生叶具短柄，有小叶3~6对，生于茎下部的与基生叶相似，生于茎上部的顶生小叶菱状长卵形，顶端3齿裂，侧生小叶长卵形至线形，多数全缘；全部小叶两面稍有毛。总状花序生于枝顶，花小，直径约3毫米，花梗纤细，长2.5~4毫米；萼片绿色或淡紫色，长椭圆形，长约2毫米，边缘膜质，外面有疏毛；花瓣白色，倒卵形，长3~5毫米，顶端钝，向基部渐狭；花丝稍扩大；雌蕊柱状，花柱极短，柱头扁球形。长角果线形，稍扁，无毛，长达30毫米；果梗纤细，直立开展，长4~12毫米。种子椭圆形，宽约1毫米，顶端有的具明显的翅。花期2~4月，果期4~6月。

产于辽宁、河北、山西、陕西、甘肃、山东和长江以南等地。

【药用价值】收敛止带、止痢止血。

白菜 十字花科 芸薹属 *Brassica pekinensis* (Lour.) Rupr.

【形态与分布】二年生草本，高40~60厘米，全株无毛，有时叶下面中脉上有少数刺毛。基生叶多数，大形，倒卵状长圆形至宽倒卵形，长30~60厘米，宽不及长的一半，顶端圆钝，边缘皱缩，波状，有时具不显明牙齿，中脉白色，很宽；叶柄白色，扁平，长5~9厘米，宽2~8厘米，边缘有具缺刻的宽薄翅；上部茎生叶长圆状卵形、长圆披针形至长披针形，长2.5~7厘米，顶端圆钝至短急尖，全缘或有裂齿，有柄或抱茎，有粉霜。花鲜黄色，直径1.2~1.5厘米；花梗长4~6毫米；萼片长圆形或卵状披针形，长4~5毫米，直立，淡绿色至黄色；花瓣倒卵形，长7~8毫米，基部渐窄成爪。长角果较粗短，长3~6厘米，宽约3毫米，两侧压扁，直立，喙长4~10毫米，宽约1毫米，顶端圆；果梗开展或上升，长2.5~3厘米，较粗。种子球形，直径1~1.5毫米，棕色。花期5月，果期6月。

全国各地均有分布。

【药用价值】养胃生津、除烦解渴、利尿通便、清热解毒。

紫菜苔

十字花科 芸薹属 *Brassica campestris* L.var. *purpuraria* L. H. Bailey

【形态与分布】一年生植物，双子叶，初生叶为基生业，叶楔形，通常1~2月份抽薹，菜苔为紫色，苔上叶抱茎互生，开黄色十字形小花，总状花序顶生，呈圆锥状，角果。

全国各地均有分布。

【药用价值】凉血散血，解毒消肿。

紫罗兰 十字花科 紫罗兰属 *Matthiola incana* (L.) R. Br.

【形态与分布】二年生或多年生草本，高达60厘米，全株密被灰白色具柄的分枝柔毛。茎直立，多分枝，基部稍木质化。叶片长圆形至倒披针形或匙形，连叶柄长6~14厘米，宽1.2~2.5厘米，全缘或呈微波状，顶端钝圆或罕具短尖头，基部渐狭成柄。总状花序顶生和腋生，花多数，较大，花序轴果期伸长；花梗粗壮，斜上开展，长达1.5毫米；萼片直立，长椭圆形，长约15毫米，内轮萼片基部呈囊状，边缘膜质，白色透明；花瓣紫红、淡红或白色，近卵形，长约12毫米，顶端浅2裂或微凹，边缘波状，下部具长爪；花丝向基部逐渐扩大；子房圆柱形，柱头微2裂。长角果圆柱形，长7~8厘米，直径约3毫米，果瓣中脉明显，顶端浅裂；果梗粗壮，长10~15毫米。种子近圆形，直径约2毫米，扁平，深褐色，边缘具有白色膜质的翅。花期4~5月。

全国各地均有分布。

【药用价值】清热解毒、美白祛斑、滋润皮肤、除皱消斑、清除口腔异味，用于支气管炎、蛀牙引起的口腔异味。

石 榴 石榴科 石榴属 *Punica granatum* L.

【形态与分布】落叶灌木或小乔木。树冠丛状自然圆头形。树根黄褐色。生长强健，根际易生根蘖。树高可达5~7米，一般3~4米，但矮生石榴仅高约1米或更矮。树干呈灰褐色，上有瘤状突起，干多向左方扭转。树冠内分枝多，嫩枝有棱，多呈方形。小枝柔韧，不易折断。一次枝在生长旺盛的小枝上交错对生，具小刺。刺的长短与品种和生长情况有关。旺树多刺，老树少刺。芽色随季节而变化，有紫、绿、橙三色。叶对生或簇生，呈长披针形至长圆形，或椭圆状披针形，长2~8厘米，宽1~2厘米，顶端尖，表面有光泽，背面中脉凸起；有短叶柄。花两性，依子房发达与否，有钟状花和筒状花之别，前者子房发达善于受精结果，后者常凋落不实；一般1朵至数朵着生在当年新梢顶端及顶端以下的叶腋间；萼片硬，肉质，管状，5~7裂，与子房连生，宿存；花瓣倒卵形，与萼片同数而互生，覆瓦状排列。花有单瓣、重瓣之分。重瓣品种雌雄蕊多瓣花而不孕，花瓣多达数十枚；花多红色，也有白色和黄、粉红、玛瑙等色。雄蕊多数，花丝无毛。雌蕊具花柱1个，长度超过雄蕊，心皮4~8，子房下位。成熟后变成大型而多室、多子的浆果，每室内有多数子粒；外种皮肉质，呈鲜红、淡红或白色，多汁，甜而带酸，即为可食用的部分；内种皮为角质，也有退化变软的，即软籽石榴。果石榴花期5~6月，榴花似火，果期9~10月。花石榴花期5~10月。

全国各地均有分布。

【药用价值】根：杀虫、涩肠、止带，用于蛔虫、绦虫、久泻、久痢、赤白带下。皮：涩肠止泻、止血、驱虫、痢疾、肠风下血、崩漏、带下、害虫，用于鼻衄、中耳炎、创伤出血、月经不调、红崩白带、牙痛、吐血、久泻、久痢、便血、脱肛、滑精、崩漏、带下、虫积腹痛、疥癣。叶：收敛止泻、角毒杀虫。主治泄泻、痘风疮、癞疮、跌打损伤。花：用于鼻衄、中耳炎、创伤出血。

繁缕　石竹科 繁缕属　*Stellaria media* (L.) Cyr.

【形态与分布】一年生或二年生草本，高10~30厘米。茎俯仰或上升，基部多少分枝，常带淡紫红色，被1~2 列毛。叶片宽卵形或卵形，长1.5~2.5厘米，宽1.1~1.5厘米，顶端渐尖或急尖，基部渐狭或近心形，全缘；基生叶具长柄，上部叶常无柄或具短柄。疏聚伞花序顶生；花梗细弱，具1列短毛，花后伸长，下垂，长7~14毫米；萼片5，卵状披针形，长约4毫米，顶端稍钝或近圆形，边缘宽膜质，外面被短腺毛；花瓣白色，长椭圆形，比萼片短，深2裂达基部，裂片近线形；雄蕊3~5，短于花瓣；花柱3，线形。蒴果卵形，稍长于宿存萼，顶端6裂，具多数种子；种子卵圆形至近圆形，稍扁，红褐色，直径1~1.2毫米，表面具半球形瘤状凸起，脊较显著。花期6~7月，果期7~8月。

全国各地均有分布。

【药用价值】清热解毒、凉血、活血止痛、下乳。

球序卷耳 石竹科 卷耳属 *Cerastium glomeratum* Thuill.

【形态与分布】一年生草本，高10~20厘米。茎单生或丛生，密被长柔毛，上部混生腺毛。茎下部叶叶片匙形，顶端钝，基部渐狭成柄状；上部茎生叶叶片倒卵状椭圆形，长1.5~2.5厘米，宽5~10毫米，顶端急尖，基部渐狭成短柄状，两面皆被长柔毛，边缘具缘毛，中脉明显。聚伞花序呈簇生状或呈头状；花序轴密被腺柔毛；苞片草质，卵状椭圆形，密被柔毛；花梗细，长1~3毫米，密被柔毛；萼片5，披针形，长约4毫米，顶端尖，外面密被长腺毛，边缘狭膜质；花瓣5，白色，线状长圆形，与萼片近等长或微长，顶端2浅裂，基部被疏柔毛；雄蕊明显短于萼；花柱5。蒴果长圆柱形，长于宿存萼0.5~1倍，顶端10齿裂；种子褐色，扁三角形，具疣状凸起。花期3~4月，果期5~6月。

产于山东、江苏、浙江、湖北、湖南、江西、福建、云南、西藏等地。

【药用价值】降压，用于乳痈、小儿咳嗽。

睡　莲

睡莲科 睡莲属 *Nymphaea tetragona* Georgi

【形态与分布】多年水生草本；根状茎短粗。叶纸质，心状卵形或卵状椭圆形，长5~12厘米，宽3.5~9厘米，基部具深弯缺，约占叶片全长的1/3，裂片急尖，稍开展或几重合，全缘，上面光亮，下面带红色或紫色，两面皆无毛，具小点；叶柄长达60厘米。花直径3~5厘米；花梗细长；花萼基部四棱形，萼片革质，宽披针形或窄卵形，长2~3.5厘米，宿存；花瓣白色，宽披针形、长圆形或倒卵形，长2~2.5厘米，内轮不变成雄蕊；雄蕊比花瓣短，花药条形，长3~5毫米；柱头具5~8辐射线。浆果球形，直径2~2.5厘米，为宿存萼片包裹；种子椭圆形，长2~3毫米，黑色。

全国各地均有分布。

【药用价值】清肺消暑，安神解酒。

红千层 桃金娘科 红千层属 *Callistemon rigidus* R. Br.

【形态与分布】小乔木；树皮坚硬，灰褐色；嫩枝有棱，初时有长丝毛，不久变无毛。叶片坚革质，线形，长5~9厘米，宽3~6毫米，先端尖锐，初时有丝毛，不久脱落，油腺点明显，干后突起，中脉在两面均突起，侧脉明显，边脉位于边上，突起；叶柄极短。穗状花序生于枝顶；萼管略被毛，萼齿半圆形，近膜质；花瓣绿色，卵形，长6毫米，宽4.5毫米，有油腺点；雄蕊长2.5厘米，鲜红色，花药暗紫色，椭圆形；花柱比雄蕊稍长，先端绿色，其余红色。蒴果半球形，长5毫米，宽7毫米，先端平截，萼管口圆，果瓣稍下陷；种子条状，长1毫米。

在我国多个地区都有栽种。

【药用价值】祛风、化痰、消肿，用于咳喘、风湿痹痛、湿疹、跌打肿痛。

白 杜 卫矛科 卫矛属 *Euonymus maackii* Rupr.

【形态与分布】小乔木，高达6米。叶卵状椭圆形、卵圆形或窄椭圆形，长4~8厘米，宽2~5厘米，先端长渐尖，基部阔楔形或近圆形，边缘具细锯齿，有时极深而锐利；叶柄通常细长，常为叶片的1/4~1/3，但有时较短。聚伞花序3至多花，花序梗略扁，长1~2厘米；花4数，淡白绿色或黄绿色，直径约8毫米；小花梗长2.5~4毫米；雄蕊花药紫红色，花丝细长，长1~2毫米。蒴果倒圆心状，4浅裂，长6~8毫米，直径9~10毫米，成熟后果皮粉红色；种子长椭圆状，长5~6毫米，直径约4毫米，种皮棕黄色，假种皮橙红色，全包种子，成熟后顶端常有小口。花期5~6月，果期9月。

产于我国各省区。

【药用价值】活血通络，祛风湿，补肾。

冬青卫矛 卫矛科 卫矛属 *Euonymus japonicus* Thunb.

【形态与分布】灌木，高可达3米；小枝四棱，具细微皱突。叶革质，有光泽，倒卵形或椭圆形，长3~5厘米，宽2~3厘米，先端圆阔或急尖，基部楔形，边缘具有浅细钝齿；叶柄长约1厘米。聚伞花序5~12花，花序梗长2~5厘米，2~3次分枝，分枝及花序梗均扁壮，第三次分枝常与小花梗等长或较短；小花梗长3~5毫米；花白绿色，直径5~7毫米；花瓣近卵圆形，长宽各约2毫米，雄蕊花药长圆状，内向；花丝长2~4毫米；子房每室2胚珠，着生中轴顶部。蒴果近球状，直径约8毫米，淡红色；种子每室1，顶生，椭圆状，长约6毫米，直径约4毫米，假种皮橘红色，全包种子。花期6~7月，果熟期9~10月。

产于我国南北各地。

【药用价值】祛风湿、强筋骨、活血止血，用于风湿痹痛、腰膝酸软、跌打伤肿、骨折、吐血等。

金边黄杨 卫矛科 卫矛属 *Euonymus japonicus* Thunb. var. *aurea-marginatus* Hort.

【形态与分布】灌木，高可达3米；小枝四棱，具细微皱突。叶革质，有光泽，倒卵形或椭圆形，先端圆阔或急尖，基部楔形，边缘具有浅细钝齿；聚伞花序5~12花，分枝及花序梗均扁壮，第三次分枝常与小花梗等长或较短；花白绿色；花瓣近卵圆形，雄蕊花药长圆状，内向；花丝长2~4毫米；子房每室2胚珠，着生中轴顶部。蒴果近球状，淡红色；种子每室1，顶生，椭圆状，假种皮橘红色，全包种子。花期6~7月，果熟期9~10月。

产于我国南北各地。

【药用价值】根：活血调经，祛风湿。茎及茎皮：祛风湿，强筋骨，活血止血。叶：解毒消肿。

复羽叶栾树 无患子科 栾树属 *Koelreuteria bipinnata* Franch.

【形态与分布】乔木，高可达20余米；皮孔圆形至椭圆形；枝具小疣点。叶平展，二回羽状复叶，长45~70厘米；叶轴和叶柄向轴面常有一纵行皱曲的短柔毛；小叶9~17片，互生，很少对生，纸质或近革质，斜卵形，长3.5~7厘米，宽2~3.5厘米，顶端短尖至短渐尖，基部阔楔形或圆形，略偏斜，边缘有内弯的小锯齿，两面无毛或上面中脉上被微柔毛，下面密被短柔毛，有时杂以皱曲的毛；小叶柄长约3毫米或近无柄。圆锥花序大型，长35~70厘米，分枝广展，与花梗同被短柔毛；萼5裂达中部，裂片阔卵状三角形或长圆形，有短而硬的缘毛及流苏状腺体，边缘呈啮蚀状；花瓣4，长圆状披针形，瓣片长6~9毫米，宽1.5~3毫米，顶端钝或短尖，瓣爪长1.5~3毫米，被长柔毛，鳞片深2裂；雄蕊8枚，长4~7毫米，花丝被白色、开展的长柔毛，下半部毛较多，花药有短疏毛；子房三棱状长圆形，被柔毛。蒴果椭圆形或近球形，具3棱，淡紫红色，老熟时褐色，长4~7厘米，宽3.5~5厘米，顶端钝或圆；有小凸尖，果瓣椭圆形至近圆形，外面具网状脉纹，内面有光泽；种子近球形，直径5~6毫米。花期7~9月，果期8~10月。

产于云南、贵州、四川、湖北、湖南、广西、广东等地。

【药用价值】花：清肝明目，主治目赤肿痛，多泪。

喜旱莲子草

苋科　莲子草属　*Alternanthera philoxeroides* (Mart.) Griseb.

【形态与分布】多年生草本；茎基部匍匐，上部上升，管状，不明显4棱，具分枝。叶片矩圆形、矩圆状倒卵形或倒卵状披针形，全缘，两面无毛或上面有贴生毛及缘毛，下面有颗粒状突起。花密生，成具总花梗的头状花序，单生在叶腋，球形；苞片及小苞片白色；苞片卵形，小苞片披针形；花被片矩圆形，白色，光亮，无毛，雄蕊基部连合成杯状；退化雄蕊矩圆状条形，和雄蕊约等长，顶端裂成窄条；子房倒卵形，具短柄，背面侧扁，顶端圆形。果实未见。花期5~10月。

全国范围均有分布。

【药用价值】全草：清热利水、凉血解毒。

土牛膝　苋科 牛膝属　*Achyranthes aspera* L.

【形态与分布】多年生草本，高20~120厘米；根细长，直径3~5毫米，土黄色；茎四棱形，有柔毛，节部稍膨大，分枝对生。叶片纸质，宽卵状倒卵形或椭圆状矩圆形，长1.5~7厘米，宽0.4~4厘米，顶端圆钝，具突尖，基部楔形或圆形，全缘或波状缘，两面密生柔毛，或近无毛；叶柄长5~15毫米，密生柔毛或近无毛。穗状花序顶生，直立，长10~30厘米，花期后反折；总花梗具棱角，粗壮，坚硬，密生白色伏贴或开展柔毛；花长3~4毫米，疏生；苞片披针形，长3~4毫米，顶端长渐尖，小苞片刺状，长2.5~4.5毫米，坚硬，光亮，常带紫色，基部两侧各有1个薄膜质翅，长1.5~2毫米，全缘，全部贴生在刺部，但易于分离；花被片披针形，长3.5~5毫米，长渐尖，花后变硬且锐尖，具1脉；雄蕊长2.5~3.5毫米；退化雄蕊顶端截状或细圆齿状，有具分枝流苏状长缘毛。胞果卵形，长2.5~3毫米。种子卵形，不扁压，长约2毫米，棕色。花期6~8月，果期10月。

产于湖南、江西、福建、台湾、广东、广西、四川、云南、贵州等地。

【药用价值】根：清热解毒、利尿，用于感冒发热、扁桃体炎、白喉、流行性腮腺炎、泌尿系结石、肾炎水肿等。

鸡冠花 苋科 青葙属 *Celosia cristata* L.

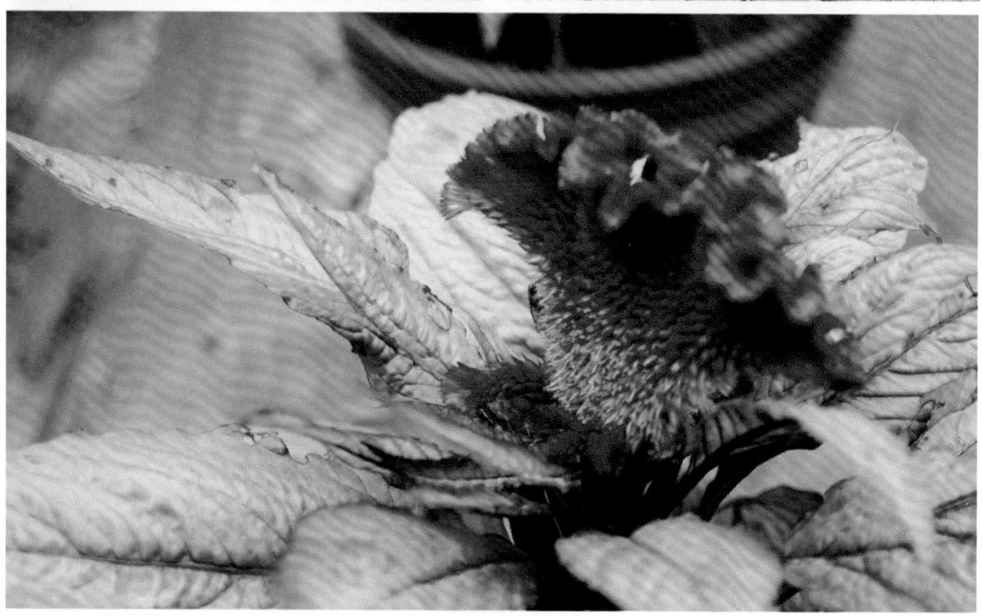

【形态与分布】一年生草本，高0.3~1米，全体无毛；茎直立，有分枝，绿色或红色，具明显条纹。叶片卵形、卵状披针形或披针形，长5~8厘米，宽2~6厘米，绿色常带红色，顶端急尖或渐尖，具小芒尖，基部渐狭；叶柄长2~15毫米，或无叶柄。多数，极密生，成扁平肉质鸡冠状、卷冠状或羽毛状的穗状花序，一个大花序下面有数个较小的分枝，圆锥状矩圆形，表面羽毛状；苞片及小苞片披针形，长3~4毫米，白色，光亮，顶端渐尖，延长成细芒，具1中脉，在背部隆起；花被片红色、紫色、黄色、橙色或红色黄色相间，顶端渐尖，具1中脉，在背面凸起；花丝长5~6毫米，分离部分长约2.5~3毫米，花药紫色；子房有短柄，花柱紫色，长3~5毫米。胞果卵形，长3~3.5毫米，包裹在宿存花被片内。种子凸透镜状肾形，直径约1.5毫米。花果期7~9月。

产于全国各地。

【药用价值】花与种子：止血、凉血、止泻。

苋

苋科 苋属 *Amaranthus tricolor* L.

【形态与分布】一年生草本，高80~150厘米；茎粗壮，绿色或红色，常分枝，幼时有毛或无毛。叶片卵形、菱状卵形或披针形，长4~10厘米，宽2~7厘米，绿色或常成红色、紫色或黄色，或部分绿色加杂其他颜色，顶端圆钝或尖凹，具凸尖，基部楔形，全缘或波状缘，无毛；叶柄长2~6厘米，绿色或红色。花簇腋生，直到下部叶，或同时具顶生花簇，成下垂的穗状花序；花簇球形，直径5~15毫米，雄花和雌花混生；苞片及小苞片卵状披针形，长2.5~3毫米，透明，顶端有1长芒尖，背面具1绿色或红色隆起中脉；花被片矩圆形，长3~4毫米，绿色或黄绿色，顶端有1长芒尖，背面具1绿色或紫色隆起中脉；雄蕊比花被片长或短。胞果卵状矩圆形，长2~2.5毫米，环状横裂，包裹在宿存花被片内。种子近圆形或倒卵形，直径约1毫米，黑色或黑棕色，边缘钝。花期5~8月，果期7~9月。

产于全国各地。

【药用价值】根、果实及全草：明目、利大小便、去寒热。

南天竹　小檗科　南天竹属　*Nandina domestica* Thunb.

【形态与分布】常绿小灌木。茎常丛生而少分枝，高1~3米，光滑无毛，幼枝常为红色，老后呈灰色。叶互生，集生于茎的上部，三回羽状复叶，长30~50厘米；二至三回羽片对生；小叶薄革质，椭圆形或椭圆状披针形，长2~10厘米，宽0.5~2厘米，顶端渐尖，基部楔形，全缘，上面深绿色，冬季变红色，背面叶脉隆起，两面无毛；近无柄。圆锥花序直立，长20~35厘米；花小，白色，具芳香，直径6~7毫米；萼片多轮，外轮萼片卵状三角形，长1~2毫米，向内各轮渐大，最内轮萼片卵状长圆形，长2~4毫米；花瓣长圆形，长约4.2毫米，宽约2.5毫米，先端圆钝；雄蕊6，长约3.5毫米，花丝短，花药纵裂，药隔延伸；子房1室，具1~3枚胚珠。果柄长4~8毫米；浆果球形，直径5~8毫米，熟时鲜红色，稀橙红色。种子扁圆形。花期3~6月，果期5~11月。

产于福建、浙江、山东、江苏、江西、安徽、湖南、湖北、广西、广东、四川、云南、贵州、陕西、河南。

【药用价值】根与叶：强筋活络、消炎解毒。果：镇咳。

十大功劳　小檗科 十大功劳属　*Mahonia fortunei* (Lindl.) Fedde

【形态与分布】灌木，高0.5~4米。叶倒卵形至倒卵状披针形，长10~28厘米，宽8~18厘米，具2~5对小叶，最下一对小叶外形与往上小叶相似，距叶柄基部2~9厘米，上面暗绿至深绿色，叶脉不显，背面淡黄色，偶稍苍白色，叶脉隆起，叶轴粗1~2毫米，节间1.5~4厘米，往上渐短；小叶无柄或近无柄，狭披针形至狭椭圆形，长4.5~14厘米，宽0.9~2.5厘米，基部楔形，边缘每边具5~10刺齿，先端急尖或渐尖。总状花序4~10个簇生，长3~7厘米；芽鳞披针形至三角状卵形，长5~10毫米，宽3~5毫米；花梗长2~2.5毫米；苞片卵形，急尖，长1.5~2.5毫米，宽1~1.2毫米；花黄色；外萼片卵形或三角状卵形，长1.5~3毫米，宽约1.5毫米，中萼片长圆状椭圆形，长3.8~5毫米，宽2~3毫米，内萼片长圆状椭圆形，长4~5.5毫米，宽2.1~2.5毫米；花瓣长圆形，长3.5~4毫米，宽1.5~2毫米，基部腺体明显，先端微缺裂，裂片急尖；雄蕊长2~2.5毫米，药隔不延伸，顶端平截；子房长1.1~2毫米，无花柱，胚珠2枚。浆果球形，直径4~6毫米，紫黑色，被白粉。$2n$=28。花期7~9月，果期9~11月。

产于广西、四川、贵州、湖北、江西、浙江。

【药用价值】全株：清热解毒，滋阴强壮。

金鱼草 玄参科 金鱼草属 *Antirrhinum majus* L.

【形态与分布】多年生直立草本，茎基部有时木质化，高可达80厘米。茎基部无毛，中上部被腺毛，基部有时分枝。叶下部的对生，上部的常互生，具短柄；叶片无毛，披针形至矩圆状披针形，长2~6厘米，全缘。总状花序顶生，密被腺毛；花梗长5~7毫米；花萼与花梗近等长，5深裂，裂片卵形，钝或急尖；花冠颜色多种，从红色、紫色至白色，长3~5厘米，基部在前面下延成兜状，上唇直立，宽大，2半裂，下唇3浅裂，在中部向上唇隆起，封闭喉部，使花冠呈假面状；雄蕊4枚，2强。蒴果卵形，长约15毫米，基部强烈向前延伸，被腺毛，顶端孔裂。

分布于全国各地。

【药用价值】全株：清热解毒，活血消肿。

毛泡桐 玄参科 泡桐属 *Paulownia tomentosa* (Thunb.) Steud.

【形态与分布】乔木高达20米，树冠宽大伞形，树皮褐灰色；小枝有明显皮孔，幼时常具黏质短腺毛。叶片心脏形，长达40厘米，顶端锐尖头，全缘或波状浅裂，上面毛稀疏，下面毛密或较疏，老叶下面的灰褐色树枝状毛常具柄和3~12条细长丝状分枝，新枝上的叶较大，其毛常不分枝，有时具黏质腺毛；叶柄常有黏质短腺毛。花序枝的侧枝不发达，长约中央主枝之半或稍短，故花序为金字塔形或狭圆锥形，长一般在50厘米以下，少有更长，小聚伞花序的总花梗长1~2厘米，几与花梗等长，具花3~5朵；萼浅钟形，长约1.5厘米，外面绒毛不脱落，分裂至中部或裂过中部，萼齿卵状长圆形，在花中锐头或稍钝头至果中钝头；花冠紫色，漏斗状钟形，长5~7.5厘米，在离管基部约5毫米处弓曲，向上突然膨大，外面有腺毛，内面几无毛，檐部2唇形，直径约小5厘米；雄蕊长达2.5厘米；子房卵圆形，有腺毛，花柱短于雄蕊。蒴果卵圆形，幼时密生黏质腺毛，长3~4.5厘米，宿萼不反卷，果皮厚约1毫米；种子连翅长约2.5~4毫米。花期4~5月，果期8~9月。

产于辽宁南部、河北、河南、山东、江苏、安徽、湖北、江西等地。

【药用价值】茎皮：祛风除湿，消肿解毒。花：清肺利咽，解毒消肿。果实：化痰，止咳，平喘。根：祛风止痛，解毒活血。

阿拉伯婆婆纳

玄参科 婆婆纳属 *Veronica persica* Poir.

【形态与分布】铺散多分枝草本，高10~50厘米。茎密生两列多细胞柔毛。叶2~4对，具短柄，卵形或圆形，长6~20毫米，宽5~18毫米，基部浅心形，平截或浑圆，边缘具钝齿，两面疏生柔毛。总状花序很长；苞片互生，与叶同形且几乎等大；花梗比苞片长，有的超过1倍；花萼花期长仅3~5毫米，果期增大达8毫米，裂片卵状披针形，有睫毛，三出脉；花冠蓝色、紫色或蓝紫色，长4~6毫米，裂片卵形至圆形，喉部疏被毛；雄蕊短于花冠。蒴果肾形，长约5毫米，宽约7毫米，被腺毛，成熟后几乎无毛，网脉明显，凹口角度超过90度，裂片钝，宿存的花柱长约2.5毫米，超出凹口。种子背面具深的横纹，长约1.6毫米。花期3~5月。

产于华东、华中及贵州、云南、西藏东部及新疆。

【药用价值】全株：祛风除湿，壮腰，截疟。

婆婆纳　玄参科　婆婆纳属　*Veronica didyma* Tenore

【形态与分布】铺散多分枝草本，多少被长柔毛，高10~25厘米。叶仅2~4对（腋间有花的为苞片），具3~6毫米长的短柄，叶片心形至卵形，长5~10毫米，宽6~7毫米，每边有2~4个深刻的钝齿，两面被白色长柔毛。总状花序很长；苞片叶状，下部的对生或全部互生；花梗比苞片略短；花萼裂片卵形，顶端急尖，果期稍增大，三出脉，疏被短硬毛；花冠淡紫色、蓝色、粉色或白色，直径4~5毫米，裂片圆形至卵形；雄蕊比花冠短。蒴果近于肾形，密被腺毛，略短于花萼，宽4~5毫米，凹口约为90度角，裂片顶端圆，脉不明显，宿存的花柱与凹口齐或略过之。种子背面具横纹，长约1.5毫米。花期3~10月。

产于华东、华中、西南、西北。

【药用价值】全株：补肾强腰，解毒消肿。

直立婆婆纳

玄参科 婆婆纳属 *Veronica arvensis* L.

【形态与分布】小草本，茎直立或上升，不分枝或铺散分枝，高5~30厘米，有两列多细胞白色长柔毛。叶常3~5对，下部的有短柄，中上部的无柄，卵形至卵圆形，长5~15毫米，宽4~10毫米，具3~5脉，边缘具圆或钝齿，两面被硬毛。总状花序长而多花，长可达20厘米，各部分被多细胞白色腺毛；苞片下部的长卵形而疏具圆齿至上部的长椭圆形而全缘；花梗极短；花萼长3~4毫米，裂片条状椭圆形，前方2枚长于后方2枚；花冠蓝紫色或蓝色，长约2毫米，裂片圆形至长矩圆形；雄蕊短于花冠。蒴果倒心形，强烈侧扁，长2.5~3.5毫米，宽略过之，边缘有腺毛，凹口很深，几乎为果半长，裂片圆钝，宿存的花柱不伸出凹口。种子矩圆形，长近1毫米。花期4~5月。

产于华东及华中地区。

【药用价值】全株：清热，除疟。

通泉草　玄参科 通泉草属　*Mazus japonicus* (Thunb.) O. Kuntze

【形态与分布】一年生草本，无毛或疏生短柔毛。主根伸长，垂直向下或短缩，须根纤细，多数，散生或簇生。本种在体态上变化幅度很大，茎1~5支或有时更多，直立，上升或倾卧状上升，着地部分节上常能长出不定根，分枝多而披散，少不分枝。基生叶少到多数，有时成莲座状或早落，倒卵状匙形至卵状倒披针形，膜质至薄纸质，长2~6厘米，顶端全缘或有不明显的疏齿，基部楔形，下延成带翅的叶柄，边缘具不规则的粗齿或基部有1~2片浅羽裂；茎生叶对生或互生，少数，与基生叶相似或几乎等大。总状花序生于茎、枝顶端，常在近基部即生花，伸长或上部成束状，通常3~20朵，花稀疏；花梗在果期长达10毫米，上部的较短；花萼钟状，花期长约6毫米，果期多少增大，萼片与萼筒近等长，卵形，端急尖，脉不明显；花冠白色、紫色或蓝色，长约10毫米，上唇裂片卵状三角形，下唇中裂片较小，稍突出，倒卵圆形；子房无毛。蒴果球形；种子小而多数，黄色，种皮上有不规则的网纹。花果期4~10月。

分布于全国。

【药用价值】清热解毒，利湿通淋，健脾消积。

二球悬铃木　悬铃木科 悬铃木属　*Platanus acerifolia* Willd.

【形态与分布】落叶大乔木，高30余米，树皮光滑，大片块状脱落；嫩枝密生灰黄色绒毛；老枝秃净，红褐色。叶阔卵形，宽12~25厘米，长10~24厘米，上下两面嫩时有灰黄色毛被，下面的毛被更厚而密，以后变秃净，仅在背脉腋内有毛；基部截形或微心形，上部掌状5裂，有时7裂或3裂；中央裂片阔三角形，宽度与长度约相等；裂片全缘或有1~2个粗大锯齿；掌状脉3条，稀为5条，常离基部数毫米，或为基出；叶柄长3~10厘米，密生黄褐色毛被；托叶中等大，长约1~1.5厘米，基部鞘状，上部开裂。花通常4数。雄花的萼片卵形，被毛；花瓣矩圆形，长为萼片的2倍；雄蕊比花瓣长，盾形药隔有毛。果枝有头状果序1~2个，稀为3个，常下垂；头状果序直径约2.5厘米，宿存花柱长2~3毫米，刺状，坚果之间无突出的绒毛，或有极短的毛。果序常2个生于总柄。

产于北京以南。

【药用价值】补气养阴、明目平肝、乌须发。

打碗花 旋花科 打碗花属 *Calystegia hederacea* Wall. ex. Roxb.

【形态与分布】一年生草本，全体不被毛，植株通常矮小，常自基部分枝，具细长白色的根。茎细，平卧，有细棱。基部叶片长圆形，顶端圆，基部戟形，上部叶片3裂，中裂片长圆形或长圆状披针形，侧裂片近三角形，叶片基部心形或戟形。花腋生，花梗长于叶柄，苞片宽卵形；萼片长圆形，顶端钝，具小短尖头，内萼片稍短；花冠淡紫色或淡红色，钟状，冠檐近截形或微裂；雄蕊近等长，花丝基部扩大，贴生花冠管基部，被小鳞毛；子房无毛，柱头2裂，裂片长圆形，扁平。蒴果卵球形，宿存萼片与之近等长或稍短。种子黑褐色，表面有小疣。

分布于全国各地。

【药用价值】根状茎：健脾益气、利尿、调经、止带，用于脾虚消化不良、月经不调、白带、乳汁稀少。

马蹄金

旋花科 马蹄金属 *Dichondra repens* Forst.

【形态与分布】多年生匍匐小草本，茎细长，被灰色短柔毛，节上生根。叶肾形至圆形，直径4~25毫米，先端宽圆形或微缺，基部阔心形，叶面微被毛，背面被贴生短柔毛，全缘；具长的叶柄，花单生叶腋，花柄短于叶柄，丝状；萼片倒卵状长圆形至匙形，钝，长2~3毫米，背面及边缘被毛；花冠钟状，较短至稍长于萼，黄色，深5裂，裂片长圆状披针形，无毛；雄蕊5，着生于花冠2裂片间弯缺处，花丝短，等长；子房被疏柔毛，2室，具4枚胚珠，花柱2，柱头头状。蒴果近球形，小，短于花萼，直径约1.5毫米，膜质。种子1~2，黄色至褐色，无毛。

产于我国长江以南各省及台湾。

【药用价值】全草：清热利尿、祛风止痛、止血生肌、消炎解毒、杀虫，用于急慢性肝炎、黄疸型肝炎、胆囊炎、肾炎、泌尿系感染、扁桃腺炎、口腔炎、毒蛇咬伤、痢疾、疟疾、肺出血等。

牵 牛

旋花科 牵牛属 *Pharbitis nil* (L.) Choisy

【形态与分布】一年生缠绕草本，茎上被倒向的短柔毛及杂有倒向或开展的长硬毛。叶宽卵形或近圆形，深或浅的3裂，偶5裂，长4~15厘米，宽4.5~14厘米，基部圆，心形，中裂片长圆形或卵圆形，渐尖或骤尖，侧裂片较短，三角形，裂口锐或圆，叶面或疏或密被微硬的柔毛；叶柄长2~15厘米，毛被同茎。花腋生，单一或通常2朵着生于花序梗顶，花序梗长短不一，长1.5~18.5厘米，通常短于叶柄，有时较长，毛被同茎；苞片线形或叶状，被开展的微硬毛；花梗长2~7毫米；小苞片线形；萼片近等长，长2~2.5厘米，披针状线形，内面2片稍狭，外面被开展的刚毛，基部更密，有时也杂有短柔毛；花冠漏斗状，长5~8（10）厘米，蓝紫色或紫红色，花冠管色淡；雄蕊及花柱内藏；雄蕊不等长；花丝基部被柔毛；子房无毛，柱头头状。蒴果近球形，直径0.8~1.3厘米，3瓣裂。种子卵状三棱形，长约6毫米，黑褐色或米黄色，被褐色短绒毛。

产于除西北和东北的地区。

【药用价值】种子：泻水利尿、逐痰、杀虫。

垂 柳 杨柳科 柳属 *Salix babylonica* L.

【形态与分布】乔木，高达12~18米，树冠开展而疏散。树皮灰黑色，不规则开裂；枝细，下垂，淡褐黄色、淡褐色或带紫色，无毛。芽线形，先端急尖。叶狭披针形或线状披针形，长9~16厘米，宽0.5~1.5厘米，先端长渐尖，基部楔形两面无毛或微有毛，上面绿色，下面色较淡，锯齿缘；叶柄长5~10毫米，有短柔毛；托叶仅生在萌发枝上，斜披针形或卵圆形，边缘有齿牙。花序先叶开放，或与叶同时开放；雄花序长1.5~2厘米，有短梗，轴有毛；雄蕊2，花丝与苞片近等长或较长，基部多少有长毛，花药红黄色；苞片披针形，外面有毛；腺体2；雌花序长达2~3厘米，有梗，基部有3~4小叶，轴有毛；子房椭圆形，无毛或下部稍有毛，无柄或近无柄，花柱短，柱头2~4深裂；苞片披针形，长约1.8~2毫米，外面有毛；腺体1。蒴果长3~4毫米，带绿黄褐色。花期3~4月，果期4~5月。

产于长江流域与黄河流域。

【药用价值】柳枝：祛风利湿，解毒消肿。茎皮或根皮：祛风利湿，消肿止痛。根：利水通淋，祛风除湿，泻火解毒。

响叶杨　杨柳科　杨属　*Populus adenopoda* Maxim.

【形态与分布】乔木，高15~30米。树皮灰白色，光滑，老时深灰色，纵裂；树冠卵形。小枝较细，暗赤褐色，被柔毛；老枝灰褐色，无毛。芽圆锥形，有黏质，无毛。叶卵状圆形或卵形，长5~15厘米，宽4~7厘米，先端长渐尖，基部截形或心形，稀近圆形或楔形，边缘有内曲圆锯齿，齿端有腺点，上面无毛或沿脉有柔毛，深绿色，光亮，下面灰绿色，幼时被密柔毛；叶柄侧扁，被绒毛或柔毛，长2~8（12）厘米，顶端有2显著腺点。雄花序长6~10厘米，苞片条裂，有长缘毛，花盘齿裂。果序长12~20(30)厘米；花序轴有毛；蒴果卵状长椭圆形，长4~6毫米，稀2~3毫米，先端锐尖，无毛，有短柄，2瓣裂。种子倒卵状椭圆形，长2.5毫米，暗褐色。花期3~4月，果期4~5月。

产于陕西、河南、安徽、江苏、浙江、福建、江西、湖北、湖南、广西、四川、贵州和云南等省区。

【药用价值】祛风止痛，活血通络。

杨　梅　杨梅科　杨梅属　*Myrica rubra* (Lour.) S. et Zucc.

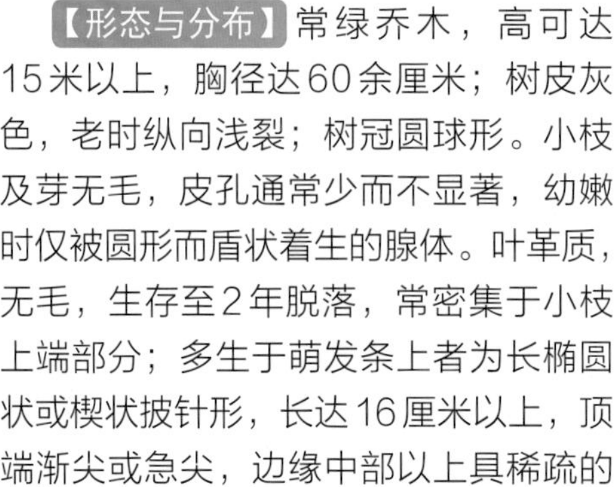

【形态与分布】常绿乔木，高可达15米以上，胸径达60余厘米；树皮灰色，老时纵向浅裂；树冠圆球形。小枝及芽无毛，皮孔通常少而不显著，幼嫩时仅被圆形而盾状着生的腺体。叶革质，无毛，生存至2年脱落，常密集于小枝上端部分；多生于萌发条上者为长椭圆状或楔状披针形，长达16厘米以上，顶端渐尖或急尖，边缘中部以上具稀疏的锐锯齿，中部以下常为全缘，基部楔形；生于孕性枝上者为楔状倒卵形或长椭圆状倒卵形，长5~14厘米，宽1~4厘米，顶端圆钝或具短尖至急尖，基部楔形，全缘或偶有在中部以上具少数锐锯齿，上面深绿色，有光泽，下面浅绿色，无毛，仅被有稀疏的金黄色腺体，干燥后中脉及侧脉在上下两面均显著，在下面更为隆起；叶柄长2~10毫米。花雌雄异株。雄花序单独或数条丛生于叶腋，圆柱状，长1~3厘米，通常不分枝呈单穗状，稀在基部有不显著的极短分枝现象，基部的苞片不孕，孕性苞片近圆形，全缘，背面无毛，仅被有腺体，长约1毫米，每苞片腋内生1雄花。雄花具2~4枚卵形小苞片及4~6枚雄蕊；花药椭圆形，暗红色，无毛。雌花序常单生于叶腋，较雄花序短而细瘦，长5~15毫米，苞片和雄花的苞片相似，密接而成覆瓦状排列，每苞片腋内生1雌花。雌花通常具4枚卵形小苞片；子房卵形，极小，无毛，顶端极短的花柱及2鲜红色的细长的柱头，其内侧为具乳头状凸起的柱头面。每一雌花序仅上端1（稀2)雌花能发育成果实。核果球状，外表面具乳头状凸起，径1~1.5厘米，栽培品种可达3厘米左右，外果皮肉质，多汁液及树脂，味酸甜，成熟时深红色或紫红色；核常为阔椭圆形或圆卵形，略成压扁状，长1~1.5厘米，宽1~1.2厘米，内果皮极硬，木质。4月开花，6~7月果实成熟。

产于江苏、浙江、台湾、福建、江西、湖南、贵州、四川、云南、广西和广东。

【药用价值】用作收敛剂。

夏天无　罂粟科 紫堇属　*Corydalis decumbens* (Thunb.) Pers.

【形态与分布】块茎小，圆形或多少伸长，直径4~15毫米；新块茎形成于老块茎顶端的分生组织和基生叶腋，向上常抽出多茎。茎高10~25厘米，柔弱，细长，不分枝，具2~3叶，无鳞片。叶二回三出，小叶片倒卵圆形，全缘或深裂成卵圆形或披针形的裂片。总状花序疏具3~10花。苞片小，卵圆形，全缘，长 5~8毫米。花梗长10~20毫米。花近白色至淡粉红色或淡蓝色。萼片早落。外花瓣顶端下凹，常具狭鸡冠状突起。上花瓣长14~17毫米，瓣片多少上弯；距稍短于瓣片，渐狭，平直或稍上弯；蜜腺体短，约占距长的1/3~1/2，末端渐尖。下花瓣宽匙形，通常无基生的小囊。内花瓣具超出顶端的宽而圆的鸡冠状突起。蒴果线形，多少扭曲，长13~18毫米，具6~14种子。种子具龙骨状突起和泡状小突起。

产于江苏、安徽、浙江、福建、江西、湖南、湖北、山西、台湾等地。

【药用价值】块茎：舒筋活络、活血止痛，用于风湿关节痛、跌打损伤、腰肌劳损和高血压。

黑弹树

榆科 朴属 *Celtis bungeana* Bl.

【形态与分布】落叶乔木，树皮灰色或暗灰色；当年生小枝淡棕色，老后色较深，无毛，散生椭圆形皮孔，去年生小枝灰褐色；冬芽棕色或暗棕色，鳞片无毛。叶厚纸质，狭卵形、长圆形、卵状椭圆形至卵形，基部宽楔形至近圆形，稍偏斜至几乎不偏斜，先端尖至渐尖，中部以上疏具不规则浅齿，有时一侧近全缘，无毛；叶柄淡黄色，上面有沟槽，幼时槽中有短毛，老后脱净；萌发枝上的叶形变异较大，先端可具尾尖且有糙毛。果单生叶腋（在极少情况下，一总梗上可具2果），果柄较细软，无毛，果成熟时蓝黑色，近球形，核近球形，肋不明显，表面极大部分近平滑或略具网孔状凹陷，花期4~5月，果期10~11月。

产于辽宁南部和西部、河北、山东、山西、内蒙古、甘肃、宁夏、青海、陕西、河南、安徽、江苏、浙江、湖南、江西、湖北、四川、云南东南部、西藏东部。

【药用价值】树干、树皮或枝条：祛痰、止咳、平喘，用于咳嗽痰喘。根皮：用于防治老年慢性支气管炎。

榔　榆　榆科 榆属 *Ulmus parvifolia* Jacq.

【形态与分布】落叶乔木，或冬季叶变为黄色或红色，宿存至第二年新叶开放后脱落，高达25米，胸径可达1米；树冠广圆形，树干基部有时成板状根，树皮灰色或灰褐色，裂成不规则鳞状薄片剥落，露出红褐色内皮，近平滑，微凹凸不平；当年生枝密被短柔毛，深褐色；冬芽卵圆形，红褐色，无毛。叶质地厚，披针状卵形或窄椭圆形，稀卵形或倒卵形，中脉两侧长宽不等，长1.7~8（常2.5~5)厘米，宽0.8~3（常1~2)厘米，先端尖或钝，基部偏斜，楔形或一边圆，叶面深绿色，有光泽，除中脉凹陷处有疏柔毛外，余处无毛，侧脉不凹陷，叶背色较浅，幼时被短柔毛，后变无毛或沿脉有疏毛，或脉腋有簇生毛，边缘从基部至先端有钝而整齐的单锯齿，稀重锯齿（如萌发枝的叶），侧脉每边10~15条，细脉在两面均明显，叶柄长2~6毫米，仅上面有毛。花秋季开放，3~6数在叶腋簇生或排成簇状聚伞花序，花被上部杯状，下部管状，花被片4，深裂至杯状花被的基部或近基部，花梗极短，被疏毛。翅果椭圆形或卵状椭圆形，长10~13毫米，宽6~8毫米，除顶端缺口柱头面被毛外，余处无毛，果翅稍厚，基部的柄长约2毫米，两侧的翅较果核部分为窄，果核部分位于翅果的中上部，上端接近缺口，花被片脱落或残存，果梗较管状花被为短，长1~3毫米，有疏生短毛。花果期8~10月。

产于河北、山东、江苏、安徽、浙江、福建、台湾、江西、广东、广西、湖南、湖北、贵州、四川、陕西、河南等省区。

【药用价值】皮：清热利水，解毒消肿，凉血止血。叶：清热解毒，消肿止痛。茎：通络止痛。

柑 橘 芸香科 柑橘属 *Citrus reticulate* Blanco

【形态与分布】小乔木。分枝多，枝扩展或略下垂，刺较少。单身复叶，翼叶通常狭窄，或仅有痕迹，叶片披针形，椭圆形或阔卵形，大小变异较大，顶端常有凹口，中脉由基部至凹口附近成叉状分枝，叶缘至少上半段通常有钝或圆裂齿，很少全缘。花单生或2~3朵簇生；花萼不规则3~5浅裂；花瓣通常长1.5厘米以内；雄蕊20~25枚，花柱细长，柱头头状。果形种种，通常扁圆形至近圆球形，果皮甚薄而光滑，或厚而粗糙，淡黄色、朱红色或深红色，甚易或稍易剥离，橘络甚多或较少，呈网状，易分离，通常柔嫩，中心柱大而常空，稀充实，瓢囊7~14瓣，稀较多，囊壁薄或略厚，柔嫩或颇韧，汁胞通常纺锤形，短而膨大，稀细长，果肉酸或甜，或有苦味，或另有特异气味；种子或多或少数，稀无籽，通常卵形，顶部狭尖，基部浑圆，子叶深绿、淡绿或间有近于乳白色，合点紫色，多胚，少有单胚。花期4~5月，果期10~12月。

产于秦岭南坡以南、伏牛山南坡诸水系及大别山区南部，向东南至台湾，南至海南岛，西南至西藏东南部海拔较低地区。

【药用价值】果实：润肺生津，理气和胃。果皮：理气降逆，调中开胃，燥湿化痰。外层果皮（橘红）：散寒燥湿，理气化痰，宽中健胃。橘络：通络，理气，化痰。

柚　芸香科 柑橘属　*Citrus maxima* (Burm.) Merr.

【形态与分布】乔木。嫩枝、叶背、花梗、花萼及子房均被柔毛，嫩叶通常暗紫红色，嫩枝扁且有棱。叶质颇厚，色浓绿，阔卵形或椭圆形，连翼叶长9~16厘米，宽4~8厘米，或更大，顶端钝或圆，有时短尖，基部圆，翼叶长2~4厘米，宽0.5~3厘米，个别品种的翼叶甚狭窄。总状花序，有时兼有腋生单花；花蕾淡紫红色，稀乳白色；花萼不规则3~5浅裂；花瓣长1.5~2厘米；雄蕊25~35枚，有时部分雄蕊不育；花柱粗长，柱头略较子房大。果圆球形，扁圆形，梨形或阔圆锥状，横径通常10厘米以上，淡黄或黄绿色，杂交种有朱红色的，果皮甚厚或薄，海绵质，油胞大，凸起，果心实但松软，瓢囊10~15或多至19瓣，汁胞白色、粉红或鲜红色，少有带乳黄色；种子多达200余粒，亦有无籽的，形状不规则，通常近似长方形，上部质薄且常截平，下部饱满，多兼有发育不全的，有明显纵肋棱，子叶乳白色，单胚。花期4~5月，果期9~12月。

产于长江以南各地，最北限见于河南省信阳及南阳一带，全为栽培。

【药用价值】果肉：消食、解酒毒。

竹叶花椒 芸香科 花椒属 *Zanthoxylum armatum* DC.

【形态与分布】落叶小乔木；茎枝多锐刺，刺基部宽而扁，红褐色，小枝上的刺劲直，水平抽出，小叶背面中脉上常有小刺，仅叶背基部中脉两侧有丛状柔毛，或嫩枝梢及花序轴均被褐锈色短柔毛。叶有小叶3~9、稀11片，翼叶明显，稀仅有痕迹；小叶对生，通常披针形，两端尖，有时基部宽楔形，干后叶缘略向背卷，叶面稍粗皱；或为椭圆形，顶端中央一片最大，基部一对最小；有时为卵形，叶缘有甚小且疏离的裂齿，或近于全缘，仅在齿缝处或沿小叶边缘有油点；小叶柄甚短或无柄。花序近腋生或同时生于侧枝之顶，有花约30朵以内；花被片6~8片，形状与大小几乎相同，雄花的雄蕊5~6枚，药隔顶端有1干后变褐黑色油点；不育雌蕊垫状凸起，顶端2~3浅裂；雌花有心皮2~3个，背部近顶侧各有1油点，花柱斜向背弯，不育雄蕊短线状。果紫红色，有微凸起少数油点，种子褐黑色。花期4~5月，果期8~10月。

【药用价值】果实：温中燥湿，散寒止痛，驱虫止痒。

樟　樟科 樟属　*Cinnamomum camphora* (L.) Presl

【形态与分布】常绿乔木，高可达30米，树冠广卵形；枝、叶及木材均有樟脑气味；树皮黄褐色，有不规则的纵裂。顶芽广卵形或圆球形，鳞片宽卵形或近圆形，外面略被绢状毛。枝条圆柱形，淡褐色，无毛。叶互生，卵状椭圆形，先端急尖，基部宽楔形至近圆形，边缘全缘，软骨质，有时呈微波状，上面绿色或黄绿色，有光泽，下面黄绿色或灰绿色，晦暗，两面无毛或下面幼时略被微柔毛，具离基三出脉，有时过渡到基部具不显的5脉，中脉两面明显，上部每边有侧脉多条，基生侧脉向叶缘一侧有少数支脉，侧脉及支脉脉腋上面明显隆起，下面有明显腺窝，窝内常被柔毛；叶柄纤细，腹凹背凸，无毛。幼时树皮绿色，平滑，老时渐变为黄褐色或灰褐色纵裂；冬芽卵圆形。圆锥花序腋生，具梗，与各级序轴均无毛或被灰白至黄褐色微柔毛，被毛时往往在节上尤为明显。花绿白或带黄色，无毛。花被外面无毛或被微柔毛，内面密被短柔毛，花被筒倒锥形，花被裂片椭圆形，能育雄蕊9，花丝被短柔毛。退化雄蕊3，位于最内轮，箭头形，被短柔毛。子房球形，无毛，果卵球形或近球形，紫黑色；果托杯状，顶端截平，具纵向沟纹。

产于我国南方及西南等地。

【药用价值】祛风湿、行气血、利关节，用于心腹胀痛、脚气、痛风、跌打损伤。

附地菜

紫草科 附地菜属 *Trigonotis peduncularis* (Trev.) Benth. ex Baker et Moore

【形态与分布】一年生或二年生草本。茎通常多条丛生，稀单一，密集，铺散，高5~30厘米，基部多分枝，被短糙伏毛。基生叶呈莲座状，有叶柄，叶片匙形，长2~5厘米，先端圆钝，基部楔形或渐狭，两面被糙伏毛，茎上部叶长圆形或椭圆形，无叶柄或具短柄。花序生茎顶，幼时卷曲，后渐次伸长，长5~20厘米，通常占全茎的1/2~4/5，只在基部具2~3个叶状苞片，其余部分无苞片；花梗短，花后伸长，长3~5毫米，顶端与花萼连接部分变粗呈棒状；花萼裂片卵形，长1~3毫米，先端急尖；花冠淡蓝色或粉色，筒部甚短，檐部直径1.5~2.5毫米，裂片平展，倒卵形，先端圆钝，喉部附属5，白色或带黄色；花药卵形，长0.3毫米，先端具短尖。小坚果4，斜三棱锥状四面体形，长0.8~1毫米，有短毛或平滑无毛，背面三角状卵形，具3锐棱，腹面的2个侧面近等大而基底面略小，凸起，具短柄，柄长约1毫米，向一侧弯曲。早春开花，花期甚长。

产于西藏、云南、广西北部、江西、福建至新疆、甘肃、内蒙古、东北等省区。

【药用价值】行气止痛，解毒消肿。

梓木草 紫草科 紫草属 *Lithospermum zollingeri* DC.

【形态与分布】多年生匍匐草本。根褐色，稍含紫色物质。匍匐茎长可达30厘米，有开展的糙伏毛；茎直立，高5~25厘米。基生叶有短柄，叶片倒披针形或匙形，长3~6厘米，宽8~18毫米，两面都有短糙伏毛但下面毛较密；茎生叶与基生叶同形而较小，先端急尖或钝，基部渐狭，近无柄。花序长2~5厘米，有花1至数朵，苞片叶状；花有短花梗；花萼长约6.5毫米，裂片线状披针形，两面都有毛；花冠蓝色或蓝紫色，长1.5~1.8厘米，外面稍有毛，筒部与檐部无明显界限，檐部直径约1厘米，裂片宽倒卵形，近等大，长5~6毫米，全缘，无脉，喉部有5条向筒部延伸的纵褶，纵褶长约4毫米，稍肥厚并有乳头；雄蕊着生纵褶之下，花药长1.5~2毫米；花柱长约4毫米，柱头头状。小坚果斜卵球形，长3~3.5毫米，乳白色而稍带淡黄褐色，平滑，有光泽，腹面中线凹陷呈纵沟。花果期5~8月。

产于台湾、浙江、江苏、安徽、贵州、四川、陕西至甘肃等地。

【药用价值】消肿、止痛，用于疔疮、支气管炎、消化不良。

光叶子花 紫茉莉科 叶子花属 *Bougainvillea glabra* Choisy

【形态与分布】藤状灌木。茎粗壮，枝下垂，无毛或疏生柔毛；刺腋生，长5~15毫米。叶片纸质，卵形或卵状披针形，长5~13厘米，宽3~6厘米，顶端急尖或渐尖，基部圆形或宽楔形，上面无毛，下面被微柔毛；叶柄长1厘米。花顶生枝端的3个苞片内，花梗与苞片中脉贴生，每个苞片上生一朵花；苞片叶状，紫色或洋红色，长圆形或椭圆形，长2.5~3.5厘米，宽约2厘米，纸质；花被管长约2厘米，淡绿色，疏生柔毛，有棱，顶端5浅裂；雄蕊6~8；花柱侧生，线形，边缘扩展成薄片状，柱头尖；花盘基部合生呈环状，上部撕裂状。花期冬春间（广州、海南、昆明），北方温室栽培3~7月开花。

产于全国各地。

【药用价值】花：调和气血，用于白带、调经。

紫茉莉 紫茉莉科 紫茉莉属 *Mirabilis jalapa* L.

【形态与分布】草本，高可达1米。根肥粗，倒圆锥形，黑色或黑褐色。茎直立，圆柱形，多分枝，无毛或疏生细柔毛，节稍膨大。叶片卵形或卵状三角形，全缘，两面均无毛，脉隆起。花常数朵簇生枝端，总苞钟形，长约1厘米，5裂，裂片三角状卵形；花被紫红色、黄色、白色或杂色，高脚碟状，筒部长2~6厘米，檐部直径2.5~3厘米，5浅裂；花午后开放，有香气，次日午前凋萎。瘦果球形，直径5~8毫米，革质，黑色，表面具皱纹；种子胚乳白粉质。花期6~10月，果期8~11月。

产于全国各地。

【药用价值】根、叶：清热解毒、活血调经。

凌霄 紫葳科 凌霄属 *Campsis grandiflora* (Thunb.) Schum.

【形态与分布】攀援藤本；茎木质，表皮脱落，枯褐色，以气生根攀附于它物之上。叶对生，为奇数羽状复叶；小叶7~9枚，卵形至卵状披针形，顶端尾状渐尖，基部阔楔形，两侧不等大，长3~6（9）厘米，宽1.5~3（5）厘米，侧脉6~7对，两面无毛，边缘有粗锯齿；叶轴长4~13厘米；小叶柄长5（~10）毫米。顶生疏散的短圆锥花序，花序轴长15~20厘米。花萼钟状，长3厘米，分裂至中部，裂片披针形，长约1.5厘米。花冠内面鲜红色，外面橙黄色，长约5厘米，裂片半圆形。雄蕊着生于花冠筒近基部，花丝线形，细长，长2~2.5厘米，花药黄色，个字形着生。花柱线形，长约3厘米，柱头扁平，2裂。蒴果顶端钝。花期5~8月。

产于长江流域、河北、山东、河南、福建、广东、广西、陕西等地。

【药用价值】花：通经利尿，用于跌打损伤。

菝葜　百合科 菝葜属　*Smilax china* L.

【形态与分布】攀缘状灌木。高1~3米，疏生刺，根茎粗厚，坚硬，为不规则的块根，粗2~3厘米。叶互生，叶柄长5~15毫米，约占全长的1/3~1/2，具宽0.5~1毫米的狭鞘，几乎都有卷须，少有例外，脱落点位于靠近卷须处；叶片薄革质或坚纸质，卵圆形或圆形、椭圆形，长3~10厘米，宽1.5~5厘米，基部宽楔形至心形，下面淡绿色，较少苍白色，有时具粉霜。花单性，雌雄异株；伞形花序生于叶尚幼嫩的小枝上，具十几朵或更多的花，常呈球形；总花梗长1~2厘米，花序托稍膨大，近球形，较少稍延长，具小苞片；花绿黄色，外轮花被片3，长圆形，长3.5~4.5毫米，宽1.5~2毫米，内轮花被片，稍狭。雄蕊长约为花被片的2/3，花药比花丝稍宽，常弯曲；雌花与雄花大小相似，有6枚退化雄蕊。浆果直径6~15毫米，熟时红色，有粉霜。花期2~5月，果期9~11月。

产于山东、江苏、浙江、福建、台湾、江西、安徽、河南、湖北、四川、云南、贵州、湖南、广西和广东等地。

【药用价值】祛风利湿、解毒消痈，用于湿痹痛、淋浊、带下、泄泻、痢疾、痈肿疮毒、顽癣、烧烫伤。

野 葱 百合科 葱属 *Allium chrysanthum* Regel

【形态与分布】鳞茎圆柱状至狭卵状圆柱形；鳞茎外皮红褐色至褐色，薄革质，常条裂。叶圆柱状，中空，比花葶短，粗1.5~4毫米。花葶圆柱状，中空，下部被叶鞘；总苞2裂，近与伞形花序等长；伞形花序球状，具多而密集的花；小花梗近等长，略短于花被片至为其长的1.5倍，基部无小苞片；花黄色至淡黄色；花被片卵状矩圆形，钝头，外轮的稍短；花丝比花被片长1/4 至1倍，锥形，无齿，等长，在基部合生并与花被片贴生；子房倒卵球状，腹缝线基部无凹陷的蜜穴；花柱伸出花被外。花果期7~9月。

产于青海、甘肃、陕西、四川、湖北、云南和西藏等地。

【药用价值】强智、益胆气。

吉祥草　百合科　吉祥草属　*Reineckia carnea* (Andr.) Kunth

【形态与分布】蔓延于地面，逐年向前延长或发出新枝，每节上有一残存的叶鞘。叶每簇有3~8枚，条形至披针形，先端渐尖，向下渐狭成柄，深绿色。穗状花序长2~6.5厘米，上部的花有时仅具雄蕊，花芳香，粉红色；裂片矩圆形，先端钝，稍肉质；雄蕊短于花柱，花丝丝状，花药近矩圆形，两端微凹，长2~2.5毫米；子房长3毫米，花柱丝状。浆果熟时鲜红色。花果期7~11月。

产于江苏、浙江、安徽、江西、湖南、湖北、河南、陕西、四川、云南、贵州、广西和广东等地。

【药用价值】全株：润肺止咳、清热利湿，用于固肾、接骨。

山麦冬 百合科 山麦冬属 *Liriope spicata* (Thunb.) Lour.

【形态与分布】植株有时丛生；根稍粗，直径1~2毫米，有时分枝多，近末端处常膨大成矩圆形、椭圆形或纺锤形的肉质小块根；根状茎短，木质，具地下走茎。叶长25~60厘米，宽 4~6毫米，先端急尖或钝，基部常包以褐色的叶鞘，上面深绿色，背面粉绿色，具5条脉，中脉比较明显，边缘具细锯齿。花葶通常长于或几等长于叶，少数稍短于叶，花通常3~5朵簇生于苞片腋内；苞片小，披针形，最下面的长4~5毫米，干膜质；花梗长约4毫米，关节位于中部以上或近顶端；花被片矩圆形、矩圆状披针形，长4~5毫米，先端钝圆，淡紫色或淡蓝色；花丝长约2毫米；花药狭矩圆形，长约2毫米；子房近球形，花柱长约2毫米，稍弯，柱头不明显。种子近球形，直径约5毫米。花期5~7月，果期8~10月。

产于除东北、内蒙古、青海、新疆、西藏以外等地。

【药用价值】养阴生津、润肺清心，用于肺燥干咳、虚劳咳嗽、津伤口渴、心烦失眠、肠燥便秘。

凤尾丝兰

百合科 丝兰属 *Yucca gloriosa* L.

【形态与分布】有明显的茎。叶近座状簇生，坚硬，近剑形或长条状披针形，长25~60厘米，宽2.5~3厘米，顶端具一硬刺，叶缘几乎没有丝状纤维，全缘。花葶高大而粗壮；花近白色，下垂，排成狭长的圆锥花序，花序轴有乳突状毛；花被片长约3~4厘米；花丝有疏柔毛；花柱长5~6毫米。秋季开花。

【药用价值】止咳平喘。

文竹 百合科 天门冬属 *Asparagus setaceus* (Kunth) Jessop

【形态与分布】攀援植物，高可达几米。根稍肉质，细长。茎的分枝极多，分枝近平滑。叶状枝通常每10~13枚成簇，刚毛状，略具三棱，长4~5毫米；鳞片状叶基部稍具刺状距或距不明显。花通常每1~3（4）朵腋生，白色，有短梗；花被片长约7毫米。浆果直径约6~7毫米，熟时紫黑色，有1~3颗种子。

产于中国中部、西北、长江流域及南方各地。

【药用价值】镇咳祛痰、凉血通淋、利尿解毒，用于肺结核咳嗽、急性支气管炎、阿米巴痢疾、阴虚肺燥、小便淋沥。

萱 草

百合科 萱草属 *Hemerocallis fulva* (L.) L.

【形态与分布】根近肉质，中下部有纺锤状膨大；叶一般较宽；花早上开晚上凋谢，无香味，橘红色至橘黄色，内花被裂片下部一般有“∧”形采斑。花果期为5~7月。

【药用价值】清热利尿、凉血止血，用于腮腺炎、黄疸、膀胱炎、尿血、小便不利、乳汁缺乏、月经不调、衄血、便血、乳腺炎。

麦冬 百合科 沿阶草属 *Ophiopogon japonicus* (L. f.) Ker-Gawl.

【形态与分布】根较粗，中间或近末端常膨大成椭圆形或纺锤形的小块根；小块根长1~1.5厘米，宽5~10毫米，淡褐黄色；地下走茎细长，直径1~2毫米，节上具膜质的鞘。茎很短，叶基生成丛，禾叶状，长10~50厘米，少数更长些，宽1.5~3.5毫米，具3~7条脉，边缘具细锯齿。花葶长6~15厘米，总状花序长2~5厘米，具几朵至十几朵花；花单生或成对着生于苞片腋内；苞片披针形，先端渐尖；花梗长3~4毫米，关节位于中部以上或近中部；花被片常稍下垂而不展开，披针形，白色或淡紫色；花药三角状披针形，长2.5~3毫米；花柱较粗，宽约1毫米，基部宽阔，向上渐狭。种子球形，直径7~8毫米。花期5~8月，果期8~9月。

产于广东、广西、福建、台湾、浙江、江苏、江西、贵州、安徽、河南、陕西和河北等地。

【药用价值】块根：生津解渴、润肺止咳。

老鸦瓣 百合科 郁金香属 *Tulipa edulis* (Miq.) Baker

【形态与分布】 鳞茎皮纸质，内面密被长柔毛。茎长10~25厘米，通常不分枝，无毛。叶2枚，长条形，长10~25厘米，远比花长，通常宽5~9毫米，少数可窄到2毫米或宽达12毫米，上面无毛。花单朵顶生，靠近花的基部具2枚对生（较少3枚轮生）的苞片，苞片狭条形，长2~3厘米；花被片狭椭圆状披针形，长20~30毫米，宽4~7毫米，白色，背面有紫红色纵条纹；雄蕊3长3短，花丝无毛，中部稍扩大，向两端逐渐变窄或从基部向上逐渐变窄；子房长椭圆形；花柱长约4毫米。蒴果近球形，有长喙，长5~7毫米。花期3~4月，果期4~5月。

产于辽宁、山东、江苏、浙江、安徽、江西、湖北、湖南和陕西等地。

【药用价值】 鳞茎：消热解毒、散结消肿。

灯心草 灯心草科 灯心草属 *Juncus effusus* L.

【形态与分布】多年生草本，高27~91厘米，有时更高；根状茎粗壮横走，具黄褐色稍粗的须根。茎丛生，直立，圆柱型，淡绿色，具纵条纹，直径（1）1.5~3（4）毫米，茎内充满白色的髓心。叶全部为低出叶，呈鞘状或鳞片状，包围在茎的基部，长1~22厘米，基部红褐至黑褐色；叶片退化为刺芒状。聚伞花序假侧生，含多花，排列紧密或疏散；总苞片圆柱形，生于顶端，似茎的延伸，直立，长5~28厘米，顶端尖锐；小苞片2枚，宽卵形，膜质，顶端尖；花淡绿色；花被片线状披针形，长2~12.7毫米，宽约0.8毫米，顶端锐尖，背脊增厚突出，黄绿色，边缘膜质，外轮者稍长于内轮；雄蕊3枚（偶有6枚），长约为花被片的2/3；花药长圆形，黄色，长约0.7毫米，稍短于花丝；雌蕊具3室子房；花柱极短；柱头3分叉，长约1毫米。蒴果长圆形或卵形，长约2.8毫米，顶端钝或微凹，黄褐色。种子卵状长圆形，长0.5~0.6毫米，黄褐色。染色体：$2n$=40，42。花期4~7月，果期6~9月。

产于江苏、福建、四川、贵州、云南等地。

【药用价值】清心火、利小便，用于心烦失眠、尿少涩痛、口舌生疮。

【形态与分布】秆直立或基部倾斜，高30~100厘米。叶鞘外侧边缘常具纤毛；叶片扁平，长5~40厘米，宽3~13毫米。穗状花序长7~20厘米，弯曲或下垂；小穗绿色或带紫色，长13~25毫米（芒除外），含3~10小花；颖卵状披针形至长圆状披针形，先端锐尖至具短芒（芒长2~7毫米），边缘为宽膜质，第一颖长4~6毫米，第二颖长5~9毫米；外稃披针形，具有较宽的膜质边缘，背部以及基盘近于无毛或仅基盘两侧具有极微小的短毛，上部具明显的5脉，脉上稍粗糙，第一外稃长8~11毫米，先端延伸成芒，芒粗糙，劲直或上部稍有曲折，长20~40毫米；内稃约与外稃等长，先端钝头，脊显著具翼，翼缘具有细小纤毛。

除青海、西藏等地外，分布于全国。

【药用价值】清热凉血，通络止痛。

狗尾草

禾本科 狗尾草属 *Setaria viridis* (L.) Beauv.

【形态与分布】一年生。根为须状，高大植株具支持根。秆直立或基部膝曲，叶鞘松弛，无毛或疏具柔毛或疣毛，边缘具较长的密绵毛状纤毛；叶舌极短，缘有长1~2毫米的纤毛；叶片扁平，长三角状狭披针形或线状披针形，先端长渐尖或渐尖，基部钝圆形，几呈截状或渐窄，通常无毛或疏被疣毛，边缘粗糙。圆锥花序紧密呈圆柱状或基部稍疏离，直立或稍弯垂，主轴被较长柔毛，粗糙或微粗糙，直或稍扭曲，通常绿色或褐黄到紫红或紫色；小穗2~5个簇生于主轴上或更多的小穗着生在短小枝上，椭圆形，先端钝，铅绿色；颖果灰白色。花果期5~10月。

产全国各地。

【药用价值】秆、叶：用于痈瘀、面癣。

看麦娘 禾本科 看麦娘属 *Alopecurus aequalis* Sobol.

【形态与分布】一年生。秆少数丛生，细瘦，光滑，节处常膝曲，高15~40厘米。叶鞘光滑，短于节间；叶舌膜质，长2~5毫米；叶片扁平，长3~10厘米，宽2~6毫米。圆锥花序圆柱状，灰绿色，长2~7厘米，宽3~6毫米；小穗椭圆形或卵状长圆形，长2~3毫米；颖膜质，基部互相连合，具3脉，脊上有细纤毛，侧脉下部有短毛；外稃膜质，先端钝，等大或稍长于颖，下部边缘互相连合，芒长1.5~3.5毫米，约于稃体下部1/4处伸出，隐藏或稍外露；花药橙黄色，长0.5~0.8毫米。颖果长约1毫米。花果期4~8月。

产于全国大部分省区。生于海拔较低之田边及潮湿之地。在欧亚大陆之寒温和温暖地区与北美也有分布。

【药用价值】利湿消肿、解毒，用于水肿、水痘、小儿腹泻、消化不良。

凤尾竹

禾本科 簕竹属 *Bambusa multiplex* (Lour.) Raeusch. ex Schult. 'Fernleaf' R. A. Young

【形态与分布】秆高4~7米，中空，直径1.5~2.5厘米，小枝稍下弯下部挺直，绿色；节间长30~50厘米，幼时薄被白蜡粉，并于上半部被棕色至暗棕色小刺毛，后者在近节以下部分尤其较为密集，老时则光滑无毛，秆壁稍薄；节处稍隆起，无毛；分枝自秆基部第二或第三节即开始，数枝乃至多枝簇生，主枝稍较粗长。秆箨幼时薄被白蜡粉，早落；箨鞘呈梯形，背面无毛，先端稍向外缘一侧倾斜，呈不对称的拱形；箨耳极微小以至不明显，边缘有少许繸毛；边缘呈不规则的短齿裂；箨片直立，易脱落，狭三角形，背面散生暗棕色脱落性小刺毛，腹面粗糙，先端渐尖，基部宽度约与箨鞘先端近相等。末级小枝具9~13叶，叶片长3.3~6.5厘米。叶鞘无毛，纵肋稍隆起，背部具脊；叶耳肾形，边缘具波曲状细长繸毛；叶舌圆拱形，高0.5毫米，边缘微齿裂；假小穗单生或以数枝簇生于花枝各节，并在基部托有鞘状苞片，线形至线状披针形；先出叶长3.5毫米，具2脊，脊上被短纤毛；具芽苞片通常1或2片，卵形至狭卵形，无毛，具9~13脉，先端钝或急尖；小穗含小花（3）5~13朵，中间小花为两性；小穗轴节间形扁，无毛；颖不存在；外稃两侧稍不对称，长圆状披针形，无毛，具19~21脉，先端急尖；内稃线形，顶端近截平而边缘被短纤毛；鳞被中两侧的2片呈半卵形，后方的1片细长披针形，边缘无毛；花药紫色，先端具一簇白色画笔状毛；子房卵球形，顶端增粗而被短硬毛，基部具一长约1毫米的子房柄，柱头3或其数目有变化，直接从子房顶端伸出，羽毛状。成熟颖果未见。

产于我国东南部至西南部，野生或栽培。

【药用价值】清热除烦、清热利尿。

求米草 禾本科 求米草属 *Oplismenus undulatifolius* (Arduino) Beauv.

【形态与分布】秆纤细，基部平卧地面，节处生根。叶鞘短于或上部者长于节间，密被疣基毛；叶舌膜质，短小；叶片扁平，披针形至卵状披针形，先端尖，基部略圆形而稍不对称，通常具细毛。圆锥花序，主轴密被疣基长刺柔毛；分枝短缩，有时下部的分枝延伸长达2厘米；小穗卵圆形，被硬刺毛，簇生于主轴或部分孪生；颖草质，第一颖长约为小穗之半，顶端具硬直芒，具3~5脉；第二颖较长于第一颖，顶端芒具5脉；第一外稃草质，与小穗等长，具7~9脉，第一内稃通常缺；第二外稃革质，长约3毫米，平滑，结实时变硬，边缘包着同质的内稃；鳞被2，膜质；雄蕊3；花柱基分离。花果期7~11月。

产于全国各地。

【药用价值】清热除烦、清热利尿。

早熟禾

禾本科 早熟禾属 *Poa annua* L.

【形态与分布】一年生或冬性禾草。秆直立或倾斜，质软，全体平滑无毛。叶鞘稍压扁，中部以下闭合；叶舌，圆头；叶片扁平或对折，质地柔软，常有横脉纹，顶端急尖呈船形，边缘微粗糙。圆锥花序宽卵形，开展；分枝1~3枚着生各节，平滑；小穗卵形，含3~5小花，绿色；颖质薄，具宽膜质边缘，顶端钝，第一颖披针形，具1脉，第二颖具3脉；外稃卵圆形，顶端与边缘宽膜质，具明显的5脉，脊与边脉下部具柔毛，间脉近基部有柔毛，基盘无绵毛，内稃与外稃近等长，两脊密生丝状毛；花药黄色。颖果纺锤形。花期4~5月，果期6~7月。

产于江苏、四川、贵州、云南、广西、广东、海南、台湾、福建、江西、湖南、湖北、安徽、河南、山东、新疆、甘肃、青海、内蒙古、山西、河北、辽宁、吉林、黑龙江等地。

【药用价值】降血糖，主治糖尿病。

美人蕉 美人蕉科 美人蕉属 *Canna indica* L.

【形态与分布】植株全部绿色，高可达1.5米。叶片卵状长圆形，长10~30厘米，宽达10厘米。总状花序疏花；略超出于叶片之上；花红色，单生；苞片卵形，绿色，长约1.2厘米；萼片3，披针形，长约1厘米，绿色而有时染红；花冠管长不及1厘米，花冠裂片披针形，长3~3.5厘米，绿色或红色；外轮退化雄蕊3~2枚，鲜红色，其中2枚倒披针形，长3.5~4 厘米，宽5~7毫米，另一枚如存在则特别小，长1.5厘米，宽仅1毫米；唇瓣披针形，长3厘米，弯曲；发育雄蕊长2.5厘米，花药室长6毫米；花柱扁平，长3厘米，一半和发育雄蕊的花丝连合。蒴果绿色，长卵形，有软刺，长1.2~1.8厘米。花果期3~12月。

产于全国各地。

【药用价值】根茎：清热利湿、舒筋活络，用于黄疸肝炎、风湿麻木、外伤出血、跌打、子宫下垂、心气痛。

葱　莲　石蒜科　葱莲属　*Zephyranthes candida* (Lindl.) Herb.

【形态与分布】多年生章本。鳞茎卵形，具有明显的颈部，叶狭线形，肥厚，亮绿色。花茎中空；花单生于花茎顶端，下有带褐红色的佛焰苞状总苞，总苞片顶端2裂；花白色，外面常带淡红色；几无花被管，花被片6，顶端钝或具短尖头，近喉部常有很小的鳞片；雄蕊6，长约为花被的1/2；花柱细长，柱头不明显3裂。蒴果近球形，3瓣开裂；种子黑色，扁平。花期秋季。

全国各地均有分布。

【药用价值】平肝、宁心、镇静。

半 夏 天南星科 半夏属 *Pinellia ternate* (Thunb.) Breit.

【形态与分布】块茎圆球形，直径1~2厘米，具须根。叶2~5枚，有时1枚。叶柄长15~20厘米，基部具鞘，鞘内、鞘部以上或叶片基部有直径3~5毫米的珠芽，珠芽在母株上萌发或落地后萌发；幼苗叶片卵状心形至戟形，为全缘单叶，长2~3厘米，宽2~2.5厘米；老株叶片3全裂，裂片绿色，背淡，长圆状椭圆形或披针形，两头锐尖，中裂片长3~10厘米，宽1~3厘米；侧裂片稍短；全缘或具不明显的浅波状圆齿，侧脉8~10对，细弱，细脉网状，密集，集合脉2圈。花序柄长25~30（35）厘米，长于叶柄。佛焰苞绿色或绿白色，管部狭圆柱形，长1.5~2厘米；檐部长圆形，绿色，有时边缘青紫色，长4~5厘米，宽1.5厘米，钝或锐尖。肉穗花序：雌花序长2厘米，雄花序长5~7毫米，其中间隔3毫米；附属器绿色变青紫色，长6~10厘米，直立，有时“S”形弯曲。浆果卵圆形，黄绿色，先端渐狭为明显的花柱。花期5~7月，果8月成熟。

除内蒙古、新疆、青海、西藏尚未发现野生的外，全国各地广布。

【药用价值】燥湿化痰、降逆止呕、消痞散结，用于痰多咳喘、痰饮眩悸、风痰眩晕、痰厥头痛、呕吐反胃、胸脘痞闷、梅核气。

饭包草 鸭跖草科 鸭跖草属 *Commelina bengalensis* L.

【形态与分布】多年生披散草本植物。茎大部分匍匐，节上生根，上部及分枝上部上升，长可达70厘米，被疏柔毛。叶有明显的叶柄；叶片卵形，长3~7厘米，宽1.5~3.5厘米，顶端钝或急尖，近无毛；叶鞘口沿有疏而长的睫毛。总苞片漏斗状，与叶对生，常数个集于枝顶，下部边缘合生，长8~12毫米，被疏毛，顶端短急尖或钝，柄极短；花序下面一枝具细长梗，具1~3朵不孕的花，伸出佛焰苞，上面一枝有花数朵，结实，不伸出佛焰苞；萼片膜质，披针形，长2毫米，无毛；花瓣蓝色，圆形，长3~5毫米；内面2枚具长爪。蒴果椭圆状，长4~6毫米，3室，腹面2室，每室具两颗种子，开裂，后面一室仅有1颗种子，或无种子，不裂。种子长近2毫米，多皱并有不规则网纹，黑色。花期夏秋。

产于山东、河北、河南、陕西、四川、云南、广西、海南、广东、湖南、湖北、江西、安徽、江苏、浙江、福建和台湾等地。

【药用价值】清热解毒、消肿利尿。

鸭跖草

鸭跖草科 鸭跖草属 *Commelina communis* L.

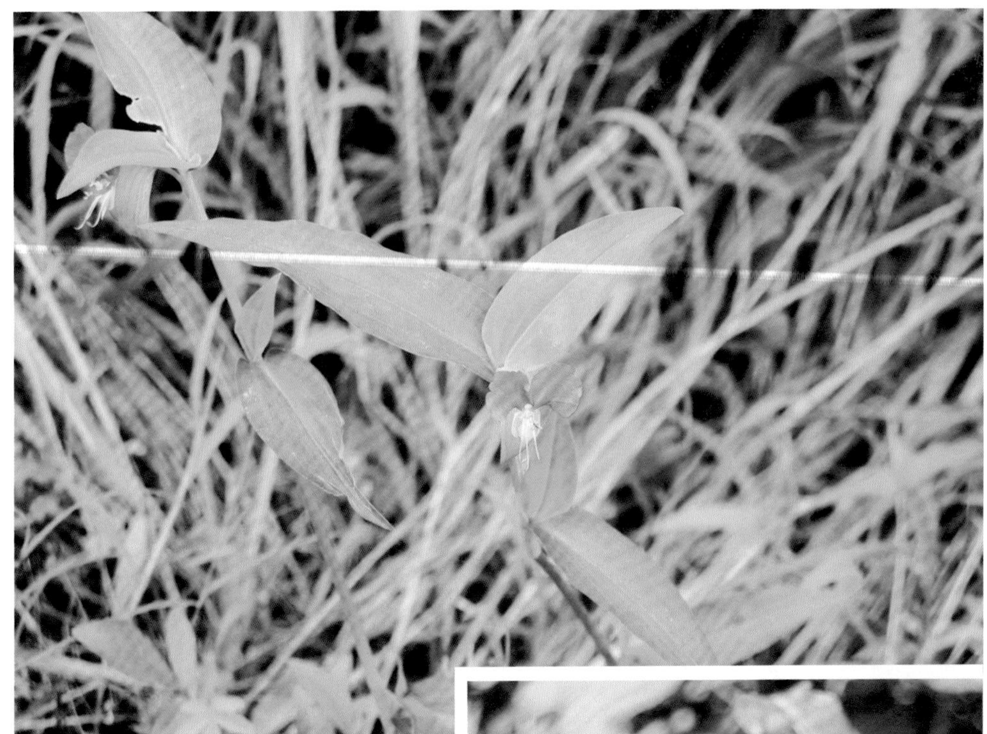

【形态与分布】一年生披散草本。茎匍匐生根，多分枝，长可达1米，下部无毛，上部被短毛。叶披针形至卵状披针形，长3~9厘米，宽1.5~2厘米。总苞片佛焰苞状，有1.5~4厘米的柄，与叶对生，折叠状，展开后为心形，顶端短急尖，基部心形，长1.2~2.5厘米，边缘常有硬毛；聚伞花序，下面一枝仅有花1朵，具长8毫米的梗，不孕；上面一枝具花3~4朵，具短梗，几乎不伸出佛焰苞。花梗花期长仅3毫米，果期弯曲，长不过6毫米；萼片膜质，长约5毫米，内面2枚常靠近或合生；花瓣深蓝色；内面2枚具爪，长近1厘米。蒴果椭圆形，长5~7毫米，2室，2爿裂，有种子4颗。种子长2~3毫米，棕黄色，一端平截、腹面平，有不规则窝孔。

产于云南、四川、甘肃以东的南北各省区。

【药用价值】消肿利尿、清热解毒，用于麦粒肿、咽炎、扁桃腺炎、宫颈糜烂、腹蛇咬伤。

紫竹梅

鸭跖草科 紫竹梅属 *Setcreasea purpurea* Boom

【形态与分布】多年生披散草本，高20~50厘米。茎多分枝，带肉质，紫红色，下部匍匐状，节上常生须根，上部近于直立。叶互生，长圆形，长6~13厘米，宽6~10毫米，先端渐尖，全缘，基部抱茎而成鞘，鞘口有白色长睫毛，上面暗绿色，边缘绿紫色，下面紫红色。花密生在二叉状的花序柄上，下具线状披针形苞片，长约7厘米；萼片3，绿色，卵圆形，宿存；花瓣3，蓝紫色，广卵形；雄蕊6，2枚发育，3枚退化，另有1枚花丝短而纤细，无花药；雌蕊1，子房卵形，3室，花柱丝状而长，柱头头状。蒴果椭圆形，有3条隆起棱线。种子呈三棱状半圆形，汉棕色。花期夏秋。

各地均有分布。

【药用价值】活血、止血、解蛇毒，用于蛇泡疮、疮疡、毒蛇咬伤、跌打、风湿。

白花紫露草 鸭跖草科 紫露草属 *Tradescantia fiumiensis* Vell.

【形态与分布】多年生常绿草本。茎匍匐，光滑，长可达60厘米，带紫红色晕，有略膨大节，节处易生根。叶互生，长圆形或卵状长圆形，先端尖，下面深紫堇色，仅叶鞘上端有毛，具白色条纹。花小，多朵聚生成伞形花序，白色，为2叶状苞片所包被。花期夏、秋季。

【药用价值】活血、利水、消肿、散结、解毒，用于痈疽肿毒、瘰疬结核、淋病。

凤眼蓝

雨久花科 凤眼蓝属 *Eichhornia crassipes* (Mart.) Solms

【形态与分布】浮水草本，高30~60厘米。须根发达，棕黑色，长达30厘米。茎极短，具长匍匐枝，匍匐枝淡绿色或带紫色，与母株分离后长成新植物。叶在基部丛生，莲座状排列，一般5~10片；叶片圆形、宽卵形或宽菱形，长4.5~14.5厘米，宽5~14厘米，顶端钝圆或微尖，基部宽楔形或在幼时为浅心形，全缘，具弧形脉，表面深绿色，光亮，质地厚实，两边微向上卷，顶部略向下翻卷；叶柄长短不等，中部膨大成囊状或纺锤形，内有许多多边形柱状细胞组成的气室，维管束散布其间，黄绿色至绿色，光滑；叶柄基部有鞘状苞片，长8~11厘米，黄绿色，薄而半透明；花葶从叶柄基部的鞘状苞片腋内伸出，长34~46厘米，多棱；穗状花序长17~20厘米，通常具9~12朵花；花被裂片6枚，花瓣状，卵形、长圆形或倒卵形，紫蓝色，花冠略两侧对称，直径4~6厘米，上方1枚裂片较大，长约3.5厘米，宽约2.4厘米，三色即四周淡紫红色，中间蓝色，在蓝色的中央有1黄色圆斑，其余各片长约3厘米，宽1.5~1.8厘米，下方1枚裂片较狭，宽1.2~1.5厘米，花被片基部合生成筒，外面近基部有腺毛；雄蕊6枚，贴生于花被筒上，3长3短，长的从花被筒喉部伸出，长1.6~2厘米，短的生于近喉部，长3~5毫米；花丝上有腺毛，长约0.5毫米，3（2~4）细胞，顶端膨大；花药箭形，基着，蓝灰色，2室，纵裂；花粉粒长卵圆形，黄色；子房上位，长梨形，长6毫米，3室，中轴胎座，胚珠多数；花柱1，长约2厘米，伸出花被筒的部分有腺毛；柱头上密生腺毛。蒴果卵形。花期7~10月，果期8~11月。

分布于我国长江、黄河流域及华南各省。

【药用价值】全草：清凉解毒、除湿祛风、外敷热疮。

射　干　鸢尾科 射干属　*Belamcanda chinensis* (L.) Redouté

【形态与分布】多年生草本。根状茎为不规则的块状，斜伸，黄色或黄褐色；须根多数，带黄色。茎高1~1.5米，实心。叶互生，嵌迭状排列，剑形，长20~60厘米，宽2~4厘米，基部鞘状抱茎，顶端渐尖，无中脉。花序顶生，叉状分枝，每分枝的顶端聚生有数朵花；花梗细，长约1.5厘米；花梗及花序的分枝处均包有膜质的苞片，苞片披针形或卵圆形；花橙红色，散生紫褐色的斑点，直径4~5厘米；花被裂片6，2轮排列，外轮花被裂片倒卵形或长椭圆形，长约2.5厘米，宽约1厘米，顶端钝圆或微凹，基部楔形，内轮较外轮花被裂片略短而狭；雄蕊3，长1.8~2厘米，着生于外花被裂片的基部，花药条形，外向开裂，花丝近圆柱形，基部稍扁而宽；花柱上部稍扁，顶端3裂，裂片边缘略向外卷，有细而短的毛，子房下位，倒卵形，3室，中轴胎座，胚珠多数。蒴果倒卵形或长椭圆形，长2.5~3厘米，直径1.5~2.5厘米，顶端无喙，常残存有凋萎的花被，成熟时室背开裂，果瓣外翻，中央有直立的果轴；种子圆球形，黑紫色，有光泽，直径约5毫米，着生在果轴上。花期6~8月，果期7~9月。

产于吉林、辽宁、河北、山西、山东、河南、安徽、江苏、浙江、福建、台湾、湖北、湖南、江西、广东、广西、陕西、甘肃、四川、贵州、云南、西藏。

【药用价值】根状茎：清热解毒、散结消炎、消肿止痛、止咳化痰，用于治疗扁桃腺炎及腰痛等症。

黄菖蒲　鸢尾科 鸢尾属　*Iris pseudacorus* L.

【形态与分布】多年生草本，植株基部围有少量老叶残留的纤维。根状茎粗壮，直径可达2.5厘米，斜伸，节明显，黄褐色；须根黄白色，有皱缩的横纹。基生叶灰绿色，宽剑形，长40~60厘米，宽1.5~3厘米，顶端渐尖，基部鞘状，色淡，中脉较明显。花茎粗壮，高60~70厘米，直径4~6毫米，有明显的纵棱，上部分枝，茎生叶比基生叶短而窄；苞片3~4枚，膜质，绿色，披针形，长6.5~8.5厘米，宽1.5~2厘米，顶端渐尖；花黄色，直径10~11厘米；花梗长5~5.5厘米；花被管长1.5厘米，外花被裂片卵圆形或倒卵形，长约7厘米，宽4.5~5厘米，爪部狭楔形，中央下陷呈沟状，有黑褐色的条纹，内花被裂片较小，倒披针形，直立，长2.7厘米，宽约5毫米；雄蕊长约3厘米，花丝黄白色，花药黑紫色；花柱分枝淡黄色，长约4.5厘米，宽约1.2厘米，顶端裂片半圆形，边缘有疏牙齿，子房绿色，三棱状柱形，长约2.5厘米，直径约5毫米。花期5月，果期6~8月。

鸢 尾

鸢尾科 鸢尾属 *Iris tectorum* Maxim.

【形态与分布】多年生草本，植株基部围有老叶残留的膜质叶鞘及纤维。根状茎粗壮，二歧分枝，直径约1厘米，斜伸；须根较细而短。叶基生，黄绿色，稍弯曲，中部略宽，宽剑形，长15~50厘米，宽1.5~3.5厘米，顶端渐尖或短渐尖，基部鞘状，有数条不明显的纵脉。花茎光滑，高20~40厘米，顶部常有1~2个短侧枝，中、下部有1~2枚茎生叶；苞片2~3枚，绿色，草质，边缘膜质，色淡，披针形或长卵圆形，长5~7.5厘米，宽2~2.5厘米，顶端渐尖或长渐尖，内包含有1~2朵花；花蓝紫色，直径约10厘米；花梗甚短；花被管细长，长约3厘米，上端膨大成喇叭形，外花被裂片圆形或宽卵形，长5~6厘米，宽约 4厘米，顶端微凹，爪部狭楔形，中脉上有不规则的鸡冠状附属物，成不整齐的縫状裂，内花被裂片椭圆形，长4.5~5厘米，宽约3厘米，花盛开时向外平展，爪部突然变细；雄蕊长约2.5厘米，花药鲜黄色，花丝细长，白色；花柱分枝扁平，淡蓝色，长约3.5厘米，顶端裂片近四方形，有疏齿，子房纺锤状圆柱形，长1.8~2厘米。蒴果长椭圆形或倒卵形，长4.5~6厘米，直径2~2.5厘米，有6条明显的肋，成熟时自上而下3瓣裂；种子黑褐色，梨形，无附属物。花期4~5月，果期6~8月。

产于山西、安徽、江苏、浙江、福建、湖北、湖南、江西、广西、陕西、甘肃、四川、贵州、云南、西藏。

【药用价值】根状茎：用于关节炎、跌打损伤、食积、肝炎等症。

再力花 竹芋科 再力花属 *Thalia dealbata* Fraser

【形态与分布】多年生挺水草本。叶卵状披针形，浅灰蓝色，边缘紫色，复总状花序，花小，紫堇色。全株附有白粉。喜温暖水湿、阳光充足的气候环境，不耐寒，花柄可高达2米以上。

棕榈 棕榈科 棕榈属 *Trachycarpus fortunei* (Hook.) H. Wendl.

【形态与分布】乔木状，树干圆柱形，被不易脱落的老叶柄基部和密集的网状纤维，叶片呈3/4圆形或者近圆形，深裂成30~50片具皱褶的线状剑形，裂片先端具短2裂或2齿，硬挺甚至顶端下垂；叶柄两侧具细圆齿，顶端有明显的戟突。花序粗壮，多次分枝，从叶腋抽出，通常是雌雄异株。雄花序具有2~3个分枝花序，下部的分枝花序长15~17厘米，一般只二回分枝；雄花无梗，每2~3朵密集着生于小穗轴上，也有单生的；黄绿色，卵球形，钝三棱；花萼3片，卵状急尖，几分离，花冠约2倍长于花萼，花瓣阔卵形，雄蕊6枚，花药卵状箭头形；花无梗，球形，着生于短瘤突上，萼片阔卵形，3裂，基部合生，花瓣卵状近圆形，长于萼片1/3，退化雄蕊6枚，心皮被银色毛。果实阔肾形，有脐，成熟时由黄色变为淡蓝色，有白粉，柱头残留在侧面附近。种子胚乳均匀，角质，胚侧生。花期4月，果期12月。

产于长江以南等地。

【药用价值】皮（叶柄及叶梢纤维）：收敛止血。根：收敛止血，涩肠止痢，除湿消肿，解毒。心材：养心安神，收敛止血。叶：收敛止血，降血压。花：止血止泻，活血散结。果实：止血，涩肠，固精。

拉丁名索引

M

N

O

P

Q

R

参考文献

[1] 国家中医药管理局《中华本草》编委会. 中华本草. 上海：上海科学技术出版社，1998.
[2] 傅书遐. 湖北植物志. 武汉：湖北科学技术出版社，2002.
[3] 万定荣. 湖北药材志（第一卷）. 武汉：湖北科学技术出版社，2002.
[4]《中国植物志》编辑委员会. 中国植物志. 北京：科学出版社，2004.
[5] 刘虹. 大别山地区典型植物图鉴. 武汉：华中科技大学出版社，2011.
[6] 李平，万定荣，邓旻. 中国五峰特色常见药用植物. 武汉：湖北科学技术出版社，2014.
[7] 王国强. 全国中草药汇编. 第3版. 北京：人民卫生出版社，2014.
[8] 汪小凡. 神农架常见植物图谱. 北京：高等教育出版社，2015.
[9] 万定荣. 中国毒性民族药志. 北京：科学出版社，2016.
[10]《中国植物志》在线电子版网址：http: //frps. eflora. cn/.
[11]《中国在线植物志》网址：http: //www. eflora. cn/.
[12]《中国高等植物图鉴》电子版网址：http: //pe. ibcas. ac. cn/tujian/tjsearch. aspx.
[13]《中国数字植物标本馆》网址：http: //www. cvh. ac. cn/.
[14] 植物通网址：http: //www. zhiwutong. com/.
[15] 中国植物图像库网址：http: //www. plantphoto. cn/.
[16] 中国植物主题数据库网址：http: //www. plant. csdb. cn/.
[17] 中国自然标本馆网址：http: //www. nature-museum. net/.